Kakteen

KOSMOS

Ewald Kleiner

Kakteen

KOSMOS

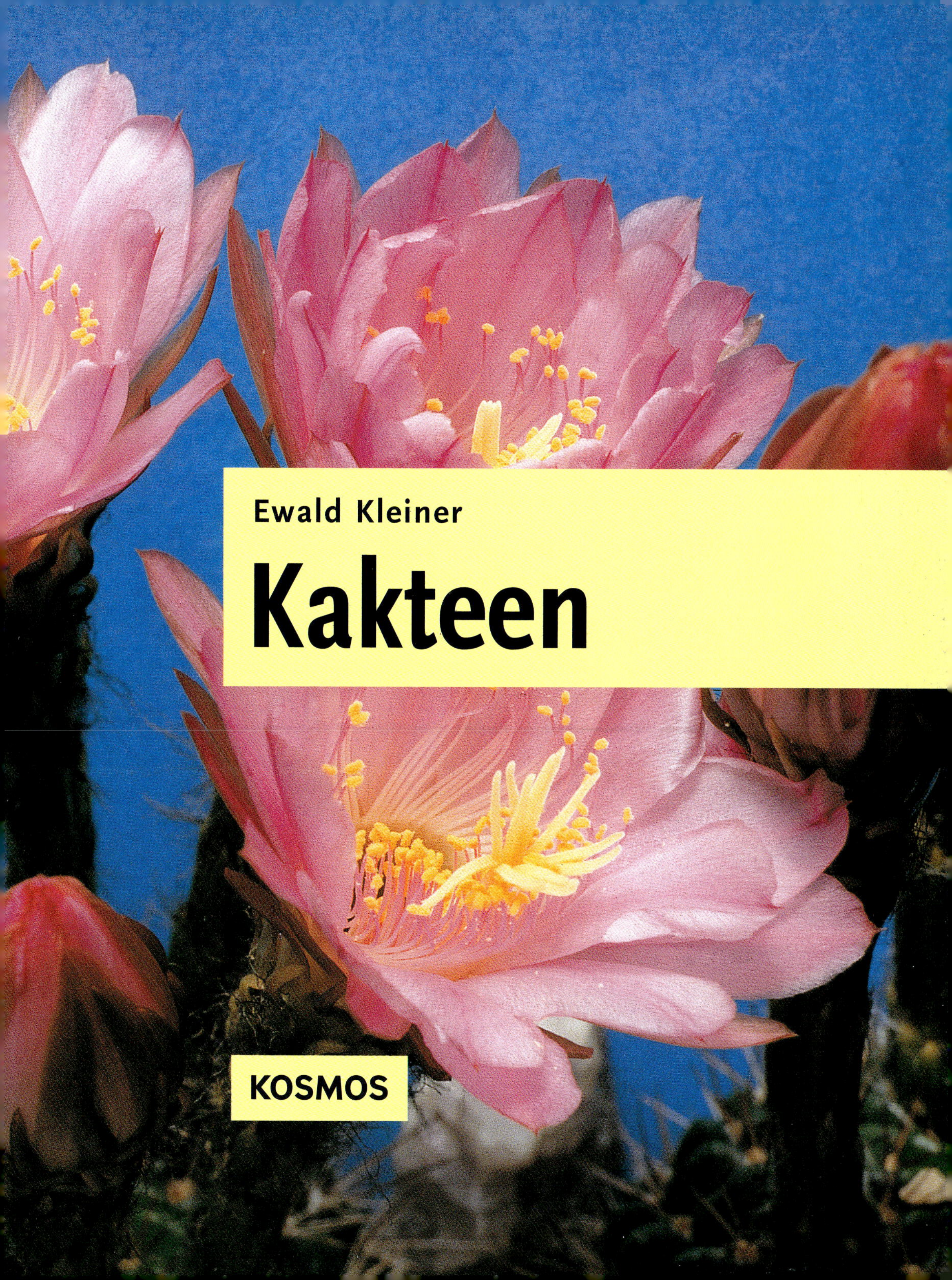

Inhalt

Kakteen zuhause

Kakteen – ein stacheliges Hobby

Die Liebe zu ihnen ist unbegrenzt. Ob groß oder klein – man mag sie einfach. Kein Wunder, die heute bekannten etwa 2.500 Arten, Varietäten und Formen zählen zu den interessantesten Pflanzen unserer Erde.

Nicht nur die Sehnsucht nach fremden Ländern macht uns diese Pflanzen mit ihren bizarren Formen und exotischen Blüten so liebenswert, auch die Beschäftigung mit ihnen wirkt beruhigend und ausgleichend – sie lässt mancherlei Alltagssorgen vergessen. Kakteen benötigen nicht unbedingt ein Gewächshaus, damit sie gut wachsen und blühen und ihrem Pfleger Freude bereiten.

In diesem Buch werden die schönsten Kakteenarten vorgestellt und Sie erfahren grundsätzliche Dinge, sowie aktuelle Tipps für eine optimale Pflege. Darüber hinaus soll es mit seinen Zeichnungen und Bildern ein praxisnaher Begleiter für die fürwahr dornige Kakteenwelt sein. Dornig deshalb, weil Kakteen, botanisch gesehen, keine Stacheln, sondern zu Dornen umgebildete Blätter haben. Doch dies ändert nichts daran, dass der Begriff „Stacheliges Hobby" aus den Gesprächen mit Gleichgesinnten kaum mehr wegzudenken ist.

Herkunft

Die Heimat der Kakteen ist der amerikanische Kontinent. Dort sind sie als typische Charakterpflanzen vor allem der Trockengebiete über Tausende von Kilometern verbreitet. Man findet sie im südlichen Kanada ebenso wie an der Magalhaesstraße in Patagonien, der Südspitze Amerikas. Ihr Verbreitungsgebiet reicht vom 53. Grad nördlicher bis zum 50. Grad südlicher Breite. So wachsen sie in Regionen, in denen der eisige Nordwind bläst und gedeihen im tropisch heißen Mittelamerika und auf den felsigen Hochebenen des südamerikanischen Kontinents. An Orten, an denen andere Pflanzen kümmern, passen sich Kakteen den Gegebenheiten an. Sie zeigen vorwiegend Kugel- oder Säulengestalten, also Formen mit kleiner Verdunstungsoberfläche, und besitzen ein sukkulentes Gewe-

Wuchsformen bei Kakteen
1. blattartig
2. gegliedert
3. hängend (epiphytisch)
4. kletternd
5. strauchig, opuntienartig
6. säulig
7. kugelig, gerippt
8. kugelig mit Warzen

Ein Hauch von Kakteenheimat: der Jardin Canario auf Gran Canaria

be, das Wasser speichern kann. Auf diese Weise überdauern Kakteen auch klimatisch äußerst ungünstige Zeiträume.

Entwicklungsgeschichtlich gilt Mexiko als Ursprungsland für alle Kakteen. Wahrscheinlich gab es dort schon in der Kreidezeit, vor rund 100 Millionen Jahren, die ersten Ur-Opuntien. Ihre Vorfahren könnten Laubgehölze in einem überwiegend tropischen Amerika gewesen sein. Durch klimatische Verschiebungen bildeten sich über Jahrmillionen die uns heute bekannten Kakteen heraus: Die Triebe verdickten sich bis zum Kakteenkörper, die Blätter wandelten sich um in Dornen, Borsten oder Haare und dienen als Schutz gegen Sonneneinstrahlung und Kälte.

Einzelne „Binsenkakteen", die *Rhipsalis*-Arten, überquerten den Atlantik und wachsen heute in Südafrika, auf Madagaskar und Ceylon. Auf welchem Weg sie dorthin kamen, ist bis heute noch nicht eindeutig geklärt.

Einige Kakteenarten, die aus kälteren Regionen stammen, wachsen und blühen auch in unserem Klimabereich ganzjährig im Freien, ohne jeden Winterschutz. Am bekanntesten sind die kleinwüchsigen *Opuntien*-Arten. Sie kamen bereits vor mehr als hundert Jahren nach Europa und verwilderten im südöstlichen Alpenbereich in den Weinbergen. Heute sind sie durch intensive Nutzung und auf Grund maschineller Bewirtschaftung nahezu ausgerottet. Im Gegensatz dazu wurden viele Kakteen und andere Sukkulenten aus der Neuen Welt zu typischen Charakterpflanzen des Mittelmeerraumes. Viele verwilderten auch auf den Kanarischen Inseln, in Afrika und Australien. Unter günstigen Bedingungen wurden sie dort zu Unkraut und verdrängten vielerorts wertvolle Kulturpflanzen.

Sammlungen und Botanische Gärten

Von Juni bis September erfreuen rund 1.000 Kakteen und andere Sukkulenten im Überlinger Stadtgarten die Besucher.

Die Sammelleidenschaft von Weltreisenden und Kakteenforschern führte zur Schaffung größerer Sammlungen bei Liebhabern wie auch in öffentlichen Einrichtungen.

So berichtete Fürst Salm-Dyck im Jahre 1834 von bereits 1.500 katalogisierten Kakteen wie auch anderen Sukkulenten, die er in seinem privaten botanischen Garten kultivierte. Sofern ausreichend finanzielle Mittel zur Verfügung standen, wurden vielerorts, meist in großen Städten und als Teil der Botanischen Gärten, mehr oder weniger umfangreiche, wissenschaftlich betreute Sammlungen gegründet.

Der Überlinger Stadtgarten

Eine Ausnahme stellt die Stadt Überlingen am Bodensee dar, wo aus der persönlichen Leidenschaft des ersten Stadtgärtners vor über 100 Jahren eine Kakteenschausammlung entstand, die bis heute unter fachkundiger Betreuung steht.

Beachtenswert ist hier der Aufstellungsort von etwa 1.000 Pflanzen im Wechsel der Jahreszeiten. Von Oktober bis Mai stehen sie in den Gewächshäusern der Stadtgärtnerei. Doch von Juni bis September schmücken die teilweise bis fünf Meter hohen Exemplare von Kakteen und anderen Sukkulenten, darunter viele Schaupflanzen, eine großzügig angelegte Rabatte bei so genannter Freiluftkultur im dortigen Stadtgarten.

Städtische Sukkulentensammlung Zürich

Nur wenige Botanische Gärten konnten den Kakteen in den vergangenen Jahrzehnten ausreichend Platz bei gleichzeitiger individueller Pflege zukommen lassen.

Jardin Exotique in Monaco

Einen bemerkenswerten Weg ging hier die Stadt Zürich, als sie im Jahre 1931 die Städtische Sukkulentensammlung gründete. Sie ist eine international anerkannte Schutzsammlung. Dies bedeutet, dass alles Material von wissenschaftlichem Wert in erster Linie hier hinterlegt werden sollte. Außerdem gehören dazu eine große Bibliothek und ein umfangreiches Herbarium mit einer Samen- und Pollensammlung. Nicht zuletzt verwendet die Städtische Sukkulentensammlung Zürich einen nicht unerheblichen Teil ihrer Arbeit zum Schutz der Vermehrung gefährdeter Pflanzen.

Kakteengärten des Südens

Faszinierend sind Botanische Gärten, vielfach als Schausammlungen bezeichnet, unter südlicher Sonne, so im Mittelmeerraum, erwähnt sei der Jardin Exotique in Monaco, dessen alte Pflanzenbestände leider immer wieder durch Fröste in Mitleidenschaft gezogen werden.

Nur wenige Kilometer von Monaco entfernt liegt an steil aufragenden Felsen das als Seeräubernest bekannte Eze. Über den Dächern der schlicht gehaltenen Häuser entstand seit den siebziger Jahren des letzten Jahrhunderts eine der größten Sammlung sukkulenter Pflanzen in Südeuropa. Doch auch hier leiden immer wieder wärmebedürftige Pflanzen unter extremen Wintertemperaturen.

Nicht unerwähnt werden darf der Jardin de Cactus in Guatiza auf Lanzarote. Der von einer Windmühle gekrönte Kakteengarten ist das letzte Werk von César Manrique, dessen Arbeit als Architekt und Landschaftsgärtner hier seinen absoluten Höhepunkt erreichte.

Die Kanareninsel Teneriffa wartet im Südwesten mit dem auf Sichtweite an der Autopista del Sur gelegenen Parques Exóticos auf. Die inzwischen auf über sieben Hektar erweiterte Anlage geht auf die Privatinitiative eines Kakteenliebhabers aus dem Jahre 1985 zurück. Ein großes Sortiment von Kakteen wie auch anderen Sukkulenten nimmt im oberen Teil der Anlage, dem sogenannten Cactus Park, eine bemerkenswerte Fläche ein. Ebenfalls einen Besuch wert ist der Jardin de Aclimation de la Orotava, dem Botanischen Garten von Teneriffa. Er bietet auf etwa 500 Quadratmetern eine Auswahl sukkulenter Pflanzen.

Jardin de Cactus auf Lanzarote

Die Nomenklatur der Kakteen

Für die systematische Gruppierung der artenreichen Kakteenfamilie gibt es seit etwa 20 Jahren ein neues System, welches sich bis heute bei Kakteenhändlern und -liebhabern nur schrittweise durchgesetzt hat. In mühevoller Arbeit haben sich vorwiegend Botaniker der nicht einfachen Systematik angenommen und die geradezu verwirrende Anzahl von Gattungen früherer Jahrzehnte zu rund 80 Gattungen zusammengefasst. Dieses Buch orientiert sich weitgehendst nach neuesten Erkenntnissen.

Die Familie der Kakteen

Kakteen werden in drei Unterfamilien eingeteilt: *Pereiskioideae*, *Opuntioideae* und *Cactoideae*. Jede dieser Unterfamilien umfasst mehrere Gattungen und jede Gattung setzt sich aus einer oder mehreren Arten zusammen. Ein Beispiel:

- **Unterfamilie:** *Cactoideae*
- **Gattung:** *Astrophytum*
- **Art:** *Astrophytum ornatum*

Der Gattungsname besteht aus einem Wort. Steht hinter diesem noch ein zweites, oft beschreibendes Wort, so hat man den Artnamen vor sich. Die hinter diesen lateinischen Bezeichnungen stehenden Namen, bei *Astrophytum ornatum* zum Beispiel (De Candolle 1828) Weber 1922, weisen auf die Autoren hin, die dem Kaktus den Namen gaben. Bei diesem Beispiel erfolgte eine Umbenennung, da die Art ursprünglich als *Echinocactus ornatus* De Candolle beschrieben war. Somit rückte ein zweiter Name, der des Umbenenners, hinzu; der Autor der Erstbeschreibung wurde in Klammern gesetzt.

Die Jahreszahl hinter den Autorennamen gibt das Jahr der Erstbeschreibung beziehungsweise bei Umbenennungen oder Umstellungen das Jahr dieser Beschreibung an. Diese Autorennamen werden im Allgemeinen in weiterführender Literatur verwendet. Vielfach findet man sie abgekürzt.

Botanische Fachwörterbücher sind hier eine wertvolle Hilfe zum Nachschlagen.

Astrophytum ornatum

Kakteen und Artenschutz

Kakteen und Naturschutz: Gärtnereien tragen Verantwortung

Viele Jahrzehnte waren die Kakteen als Importpflanzen begehrte Sammlerstücke. Fast immer wurden die Pflanzen von Kakteengärtnereien angeboten. Die Nachfrage brachte es mit sich, dass zahlreiche Arten an den Heimatstandorten fast ausgerottet wurden. In Washington wurde am 3. März 1973 die „Convention on International Trade of Endangered Species of Wild Fauna and Flora" (abgekürzt CITES) abgeschlossen. Sie erlangte als „Washingtoner Artenschutzübereinkommen" (abgekürzt WA), verbunden mit nationalen Gesetzen, 1975 in der Schweiz, 1976 in Deutschland und 1982 in Österreich Gültigkeit. Über 120 Staaten haben dieses Abkommen bis heute unterzeichnet. Nach diesen Bestimmungen ist der Handel mit gefährdeten, frei lebenden Pflanzen, deren Teilen und Erzeugnissen streng überwacht. Das gewerbsmäßige Einführen und der Kauf sind geregelt, eingeschränkt oder verboten.

Neuerdings wird es einem Kreis von registrierten Gärtnereien ermöglicht, einen großen Teil der geschützten Kakteen anzubieten. So besteht die Möglichkeit, dass derartige Pflanzen wieder großzügig vermehrt, verbreitet und der Nachwelt in größerem Umfang erhalten bleiben.

Kakteen als Nutzpflanzen

Cochenille-Zucht bei Guatiza auf Lanzarote

Die wirtschaftliche Bedeutung der Kakteen hat sich in den vergangenen drei Jahrzehnten entscheidend verändert. Nur noch selten fertigt man aus ihrem Holz Gebrauchsgegenstände, baut mit ihren Stämmen Häuser oder benutzt ihre Dornen als Nähnadeln. Doch es gibt auch heute noch Hinweise darauf, dass Cephalium-Haare von Kakteen der Gattungen *Espostoa* und *Pilocereus* als Füllmaterial für Kissen verwendet werden.

Opuntien dienen in weidearmen Ländern als Viehfutter. Mexiko ist das klassische Land zur Nutzung von Kakteen als Obst („tunas") und Gemüse („nopalitos"). Ob im Hausgarten oder in Plantagen, für ein Land mit einer derartig schnell wachsenden Bevölkerung und ausgedehnten Trockengebieten sind Kakteen eine wertvolle Bereicherung des Speisezettels. Immerhin sind es rund 100 Arten, vornehmlich aus den Gattungen *Echinocereus*, *Epiphyllum*. *Hylocereus*, *Opuntia*, *Selenicereus* wie auch einige Säulenkakteen, deren Früchte, als Frischobst unter der Bezeichnung „Pitayas" bekannt, geschätzt sind. Etwa ein Drittel davon wird in Plantagen vorwiegend in den Heimatländern angebaut. Interessant ist auch, dass rund 30 Kakteen-Arten Früchte zur Herstellung von alkoholischen Getränken, Sirup, Fruchtsäften und -pasten Verwendung finden. Außerdem werden vornehmlich die säuerlich schmeckenden Früchte einiger Arten aus der Gattung *Echinocereus* zu Marmelade verarbeitet. Diese sind in ihrer Heimat Mexiko wie auch im Süden der USA als „strawberry cactus" bekannt. In Mexiko werden Teile der Echinokakteen geschält, in kleine Stücke geschnitten und dann als „Candy Cactus" verkauft.

In der Medizin

Einige *Selenicereus*-Arten finden finden in der pharmazeutischen Industrie zur Herstellung von Herz- und Kreislaufmedikamenten Verwendung. Längs aufgeschnittene Blätter der Feigenkakteen werden als Umschlag auf Hautabschürfungen gelegt. Auch ist bekannt, dass ein aus Opuntien hergestellter Sirup als Mittel gegen zahlreiche Krankheiten wie Husten, Nieren- und Leberleiden sowie Ekzeme wirksam sein soll. *Lophophora* und einige Arten der Gattung *Echinopsis* enthalten ebenfalls medizinische Wirkstoffe.

Chochenille-Laus, Dactylopius coccus

Früchte von Opuntia ficus-indica

Als Gemüse werden vorwiegend junge Sprosse von wildwachsenden Feigenkakteen wie auch von Anpflanzungen aus dem Formenkreis von *Opuntia ficus-indica* genutzt. Außerdem werden Blüten und Blätter einiger weniger Arten als Gemüse gegessen. Und wer weiß schon, dass die *Neowerdermannia vorwerckii*, als ganze Pflanze gekocht, den Hochlandindianern in Bolivien und Nordwest-Argentinien zur Kakteen-Kartoffel wurde? Nicht zuletzt löschte mancher gekappte Kugelkaktus den Durst, was schon des öfteren Menschenleben in der Wüste gerettet hat.

Rauschmittel und Läuseblut

Sehr alt sind Hinweise auf Alkaloide bei *Lophophora*, dem „Rauschgiftkaktus", in seiner mexikanischen Heimat als „peyote" bezeichnet. So wurden unter anderem Anhalonin, Anhalonidin, Lophophorin, Peyotin und das besonders wirksame Mescalin isoliert.

Die nahezu dornenlose *Opuntia ficus-indica* wird noch heute auf Lanzarote als Wirtspflanze der Cochenille-Laus kultiviert, die einen scharlachroten Farbstoff liefert, der vornehmlich in der kosmetischen Industrie Verwendung findet.

Kakteen als Zimmerpflanzen

Aus der Vielfalt der im Zimmergarten gepflegten sukkulenten Pflanzen sind Kakteen eine willkommene Abwechslung.

Die erfolgreiche Pflege der Kakteen am Zimmerfenster ist von einigen wenigen Faktoren abhängig. Beste Standorte sind Süd-, Ost- oder Westfenster. Da Kakteen lichthungrig sind, sollte hier auf Vorhänge verzichtet werden.

Von der Dauerkultur in frei stehenden Einzeltöpfen ist abzuraten. Die Gründe hierfür sind einleuchtend: Ein kleiner Topf erhitzt sich bei starker Sonneneinstrahlung so sehr, dass die feinen Faserwurzeln Schaden nehmen und die Pflanzen kränkeln. Vorteilhaft ist es, die einzelnen Töpfe in Schalen oder Kästen einzufüttern, die mit grobkörnigem Sand gefüllt sind. Zur Vermeidung von Staunässe dient eine zwei bis fünf Zentimeter hohe Kiesschicht auf dem Boden des Pflanzgefäßes. Die in grobem Sand eingebetteten Töpfchen werden schließlich einen Zentimeter hoch mit grobkörnigen Materialien wie Blähton, Bimskies, Lava oder ähnlichem überdeckt und das Ganze letztlich mit farblich abgestimmten Steinen dekoriert. Wer seine Kakteen frei in größere Behälter auspflanzen will, sollte schon einige Erfahrungen besitzen, damit er sich über Jahre hinweg an diesen kleinen Kakteengärten erfreuen kann. Entscheidend für das Zusammenpflanzen sind das Platzangebot, der persönliche Geschmack und – je nach Unterbringung – auch die Pflanzenauswahl. Für den beheizten Wohnraum kommen ganzjährig nur solche Arten in Frage,

Profi Tipp von

mein schöner Garten

Die teilweise zur Winterszeit blühenden epiphytisch wachsenden Kakteen sind eine willkommene Abwechslung im Blumenfenster. Da sie wohl viel Licht, jedoch keine direkte Sonne mögen, ist auf ausreichenden Sonnenschutz zu achten. So lassen sich Verbrennungen an Trieben und Blüten vermeiden.

die auch im Winter Wärme lieben. Vertreter der Gattungen *Cephalocereus*, *Cleistocactus*, *Echinocactus*, *Mammillaria* und vor allem der epiphytisch wachsenden Kakteen können hier genannt werden.

Als idealer Aufstellungsort gilt das ausgebaute Blumenfenster. Ob nun an die Pflege typischer Wüstenkakteen bei voller Sonne oder an eine Auswahl epiphytisch wachsender Arten in absonnigen Lagen gedacht ist, mit ihm können auch ausgefallene Pflanzenwünsche erfüllt werden. Ideale Fenstermaße sind: Tiefe 25 bis 50 cm und 1,20 bis 1,50 m hoch.

In eine derartige Sammlung passen sehr gut auch „andere Sukkulenten", also Dickblattgewächse. Viele Arten der Gattungen *Aeonium*, *Aloe*, *Crassula*, *Echeveria*, *Euphorbia*, *Kalanchoe*, *Senecio* und *Sedum* bringen mit ihrer Vielgestaltigkeit nicht nur Formen und Farben, sondern zählen als Kurztagspflanzen auch zu den dankbaren Winterblühern.

Epicactus *am Zimmerfenster*

Kleinwüchsige Kakteen wie Echinocereen, Mammillarien und Rebutien eignen sich vor allem für bescheidene Pflegeplätze.

Sommerfrische im Garten

Der Sommer ist da: Die kleine Sammlung erfreut mit Dornen, Borsten und Haaren.

Die sommerliche Freiluftaufstellung von Kakteen wird als „harte Kultur" bezeichnet. Für viele Liebhaber dieser Pflanzen ist es die einzige Möglichkeit, sie weitgehendst standortgerecht unterzubringen. Dabei ist der Einfluss von ungehinderter Sonneneinstrahlung, frischer Luft und Regen für viele Arten keineswegs von Nachteil. Man erinnere sich auch hier wieder an Blumenfreunde, die ihre Kakteen den ganzen Sommer über vor dem Fenster, auf dem Balkon oder im Garten aufstellen und nicht selten wahre Blütenwunder erleben. Meist sind es die robusteren Arten, denen niedrige Temperaturen und mehr Niederschläge keine Nachteile bringen. Das sommerlange Einsenken der Pflanzgefäße in ein vorbereitetes Sand-/Kiespflanzbeet, mit schönen Steinen dekoriert, bringt „Klein-Mexiko" buchstäblich in den eigenen Garten. Geschützte Plätze in Hausnähe sind dabei von Vorteil.

Weniger Niederschlag und im Durchschnitt höhere Temperaturen verlängern den frostfreien Gartenaufenthalt um einige Wochen. Je länger die Kakteen draußen sein können, desto besser entwickeln sie sich.

Kakteen im Frühbeet

Man könnte das Frühbeet als „Gewächshaus des kleinen Mannes“ bezeichnen. Die früher verwendeten Materialien wie imprägnierte Holzbretter oder Betonfertigteile mit Glasabdeckung werden heute weitgehendst durch Kunststoffe ersetzt. Derartige Konstruktionen sind leicht, mühelos aufzubauen und auch die Seitenwände sind durchsichtig: somit erhalten alle Pflanzen, ob an den Wänden oder auch die in den Ecken stehenden, ausreichend Licht.

Profi Tipp von mein schöner Garten

> Während der Wachstumszeit ist die Angst vor Schädigungen der Kakteen durch lang anhaltendem Regen im Freien völlig unbegründet. Es ist erstaunlich, was die meisten Kakteen an Nässe und zugleich niedrigen Temperaturen hinnehmen, sofern sie in einem durchlässigen Substrat stehen.

Im Frühbeet sind die Pflanzen gegen Wetterunbilden geschützt – das Gartenjahr lässt sich auf diese Art und Weise verlängern.

In milderen Gegenden (Weinbauklima) können Kakteen bereits im März eingeräumt werden. Bei Nachtfrost verhindern aufgelegte Isolierplatten, Noppenfolie oder Ähnliches ein zu starkes Abkühlen.

Wichtig ist das Berücksichtigen folgender Punkte:

- Nach dunkler Überwinterung frisch eingebrachte Kakteen mit Schattiergewebe vor Verbrennungen geschützt werden. Am besten eignen sich orangefarbene Materialien, denen auch optimale Pflanzenfreundlichkeit bescheinigt wird.
- In den ersten vier Wochen nach dem Einräumen nicht gießen. Nur an warmen und sonnigen Tagen mit angewärmtem Wasser überbrausen oder übersprühen.
- Temperaturstau an Sonnentagen durch ausreichendes Lüften vermeiden. Empfehlenswert ist die Verwendung von selbst lüftenden Frühbeetfenstern.
- Rechtzeitig auf den Winter vorbereiten, das heißt ab August nicht mehr düngen und ab Oktober auf Wassergaben verzichten. Das nächtliche Offenhalten des Deckels bei trockenem und frostfreiem Wetter härtet die Pflanzen ab.
- Überhaupt fördern große Temperaturunterschiede zwischen Tag und Nacht und die Einwirkung von Tau die Bestachelung und den Blütenansatz.

Schausammlung im Garten des Autors

Vitrine und Balkongewächshaus

Auf Terrasse und Balkon sind Vitrinen oder Balkongewächshäuser eine wertvolle Ergänzung zur sommerlichen Freiluftaufstellung. Ihr Vorteil liegt vor allem in der gern genutzten Pultform und der zudem möglichen Mobilität. Denn nicht selten sorgen Rollen dafür, dass sie problemlos den Standort, auch der Sonne folgend, wechseln können.

Vitrinen und Balkongewächshäuser wählt man fast immer dort aus, wo kein Garten vorhanden ist. Somit bietet sich gerade hier die Möglichkeit, eine kleine Kakteensammlung ganz in die Nähe der Wohnräume, eben auch auf den Balkon zu bringen. Ob frei aufgestellt, an die Hauswand angelehnt oder in den Bereich des Geländers gerückt, jeder Standort hat Vor- und Nachteile. Nach Süden ausgerichtete Plätze bieten vor allem sonnenhungrigen Pflanzen ein optimales Zuhause. Dort, wo die Mittagssonne fehlt oder einfach nur Licht vorhanden ist, können beispielsweise epiphytisch wachsende Kakteen untergebracht werden. Das Ein- und Ausräumen wie auch die Pflegemaßnahmen müssen nicht unbedingt durch den so genannten Deckel erfolgen. So haben sich öffnende Seitenteile, eventuell schranktürenartig konstruiert, ausgezeichnet bewährt. Als Verglasung bieten sich Materialien aus durchsichtigem Kunststoff und Gartenblankglas an. Damit können die Pflanzen auch von außen betrachtet werden. Isoliereindeckungen wie beispielsweise Stegdoppelplatten sind nur dann sinn-

Auf Tuchfühlung mit Kakteen. Diese abwechslungsreiche Sammlung trennt und verbindet zugleich Wohnräume und Balkon.

Die kleine Sammlung im Balkongewächshaus

voll, wenn eine Unterbringung während der kalten Jahreszeit vorgesehen ist. Selbstverständlich muss dann auch eine Beheizungsmöglichkeit eingeplant werden. Gute Erfahrungen liegen mit der Verwendung von thermostatgesteuerten Bodenheizkabeln vor. Eine rundum richtig ausgeführte Isolierung vermeidet Wärmeverluste und verhindert vor allem eine zu starke Auskühlung des Wurzelbereichs der Pflanzen.

Wer Heizkosten sparen will, wird die Kakteen jedoch in einem frostfreien Raum möglichst an einem Fenster überwintern. In milden und geschützten Lagen ist ein Ausräumen bereits Ende März möglich. Vorsichtiges Angewöhnen an die schon kräftige Sonneneinstrahlung verhindert Verbrennungen. Auch hier sorgt häufigeres Sprühen oder Überbrausen dafür, dass die Kakteen sanft geweckt werden.

Spätestens im September beginnt das Abhärten. Wichtig ist jetzt:

- Wassergaben stark reduzieren und nur ein- bis zweimal wöchentlich gießen
- Sonnenlicht sooft wie möglich auf die Pflanzen einwirken lassen
- Einräumen – falls notwendig – Ende Oktober

Wie auch bei der Kakteenpflege im Frühbeet bietet die Vitrine und das Balkongewächshaus einige Vorteile: je nach Konstruktion, Aufstellungsort und Bedarf kann Regen und Tau auf die Pflanzen einwirken. Auf die Abdeckung kann zeitweise ganz verzichtet werden. Man erreicht damit eine stärkere und farbintensivere Bedornung und weitaus mehr Blüten. Außerdem werden die Kakteen erheblich widerstandsfähiger gegen Schädlinge und Krankheiten.

Kakteen im Kleingewächshaus

Die Krönung in der Kakteenpflege ist der Besitz eines Gewächshauses. Hier lassen sich mit Hilfe der technischen Einrichtungen zahlreiche Wünsche erfüllen, die sonst nicht umsetzbar wären. Die Kakteen lohnen den Aufwand mit makellosem Aussehen und üppiger Blüte. Unter hochentwickeltem Eindeckmaterial gedeihen hier vor allem die wärmeliebenden und von Natur aus empfindlichen Arten.

Jeder Pflanze einen Logenplatz

Im Gewächshaus lassen sich drei Temperaturbereiche unterscheiden:
Ganz oben, nahe der Eindeckung, stehen die licht- und wärmehungrigen Arten. Sie zeichnen sich durch Wachsüberzug, Haare, Borsten oder Dornen aus und schützen sich damit vor sengenden Sonnenstrahlen. Zahlreiche Vertreter der Gattungen *Astrophytum*, *Coryphantha*, *Ferocactus*, einige *Opuntien*-Arten, *Oreocereus* und *Thelocactus* fühlen sich unter dem Gewächshausdach wie zu Hause. Auch die dicht bedornten, sommerblühenden Mammillarien gehören dazu.
In der Mitte, eine Etage tiefer, sollten die meisten der typischen Unterglas-Kakteen stehen; vor allem Pflanzen mit empfindlichem Wurzelwerk, die im Sommer höhere Temperaturen und sorgfältig abgestimmte Wassergaben benötigen. Viele Arten der Gattungen *Cephalocereus*, *Echinocactus*, *Frailea*, *Gymnocalycium*, *Oreocereus*, *Parodia* und *Rebutia* krönen hier gutes Wachstum mit farbenprächtigen Blüten. Durch Auspflanzen in beheizte Erdbeete entwickeln sich großwüchsige Kugel-, Säulen- und Feigenkakteen zu richtigen Prachtexemplaren. Im Vergleich dazu nehmen sich kugelige und kleinsäulige Kakteen wie Zwerge aus.
Unten, im kühlsten Bereich des Gewächshauses, stehen vorwiegend Kakteen, die in den Hochlagen von

Ein Gewächshaus im Garten ist der Traum vieler Kakteen- und Pflanzenliebhaber.

Das Kleingewächshaus bietet für Kakteen einen optimalen Aufstellungsort, auch im Winter.

Südamerika beheimatet sind. Dazu gehören *Echinopsis*, *Rebutia* und solche Kakteen, die sich in der Ruhezeit befinden, wie etwa viele im Frühjahr blühende Mammillarien. Diese sollten bereits ab Juli also nur noch mäßig warm und bei wenig Gießwasser kultiviert werden.

Das Gewächshaus ist ein idealer Überwinterungsort für Kakteen und andere Sukkulenten, die den Sommer über im Freien stehen. Das dort im Frühjahr herrschende Klima erleichtert die Angewöhnung nach dem Ausräumen.

Auf Schädlinge achten

Die im Gewächshaus gut abgehärteten Pflanzen sind selten anfällig für Schädlinge und Krankheiten. Trotzdem sollte man aufpassen. Unter den Bedingungen eines anhaltenden Frühlings treten sehr schnell Schädlinge auf, die bei anderen Verhältnissen keine Lebensmöglichkeit hätten.

Vorsicht ist vor allem dann geboten, wenn neu erworbene oder geschenkte Exemplare der Sammlung einverleibt werden. Solche Kakteen sollte man – getrennt von der eigenen Sammlung – zunächst unter Quarantäne stellen, bis sie als gesund und schädlingsfrei erkannt sind.

Wer keine subtropischen Arten überwintern muss, sollte die Temperatur möglichst auf 5 bis 6 °C absenken. Es lohnt nicht, wegen einiger Exemplare hohe Temperaturen zu halten. Pflanzen, die auch im Winter mehr Wärme benötigen, lassen sich ausgezeichnet am Küchen- oder Wohnzimmerfenster weiterpflegen, besonders die winterblühenden Mammillarien, einige Säulen- und Melonenkakteen.

Profi Tipp von mein schöner Garten

Im Gewächshaus lohnt der Einsatz von Luftumwälzern oder Ventilatoren. Sie vermeiden stehende Luft, die bei der ganzjährigen Unterglaspflege, vor allem im Winterhalbjahr, Ursache zahlreicher Krankheiten ist. Auch im Sommer wird durch sie ein Hitzestau im oberen Teil des Gewächshauses vermieden.

Ob drinnen oder draußen, die „Deutsche Kaiserin“ Discocactus phyllanthoides, *ist alljährlich ein Blütentraum.*

Gewächshausformen

Die Vielfalt der Kleingewächshäuser lässt kaum Wünsche offen. Je nach den örtlichen Gegebenheiten wird man ein Pult- oder Satteldach auswählen. Pultdach- oder Anlehngewächshäuser sind konstruktionsbedingt auf eine Wand fixiert, die auch eine Hauswand sein kann. Dadurch ergibt sich bei dieser Konstruktionsweise eine beachtliche Energieersparnis. In Satteldachhäusern profitieren Kakteen vom größeren Lichtangebot. Die Freistellung im Garten sichert eine Rundum-Belichtung, von der ganz besonders sonnenhungrige Kakteen profitieren.

Eindeckmaterialien

Das artgerechte Aussehen des Großteils der unter Glas kultivierten Kakteen wird im besonderen Maße durch die verwendeten Eindeckmaterialien beeinflusst (siehe Tabelle gegenüber).

Heizung

Wenn auch nahezu alle Kakteen bei relativ geringen Temperaturen überwintern können, ist trotzdem eine hochwertige wie auch zuverlässige Beheizungsmöglichkeit vorzusehen.

Voraussetzung für geringe Kosten ist eine gute Isolierung. Bei Gewächshäusern in der Nähe des Wohnhauses hat sich ein Anschluss an die bestehende Warmwasserheizung bewährt.

Im Betrieb teurer, jedoch einfacher zu installieren ist eine elektrische Heizung. Hier bieten sich vor allem mit Rippenheizkörpern und Heizlüftern bemerkenswerte Alternativen.

Elektroheizkörper sind vor allem bei kleineren Gewächshäusern oft ausreichend.

Heizlüfter sorgen gleichzeitig für Erwärmung und Luftbewegung.

Rippenheizkörper, die elektrisch betrieben werden, sollten eine Mindestleitung von 1.500 W haben, damit die erforderlichen Temperaturen gehalten werden können.
Vor allem bei kleineren Gewächshäusern lohnt es sich, zwischen einer teuren Heizungsanlage und der vergleichsweise günstigen Elektroheizung abzuwägen.

Heizlüfter sind vor allem dann ideal, wenn ein Gewächshaus nur frostfrei gehalten werden soll. Ein Thermostat sollte integriert sein. Der integrierten Ventilator sorgt für eine schnelle und gleichmäßige Verteilung der angewärmten Luft und gleichzeitig für eine konstante Luftbewegung, die Pilzkrankheiten vorbeugt.

Eigenschaften verschiedener Eindeckmaterialien

Eigenschaft	**Gartenblankglas**	**Stegdreifachplatte MAKROLON**	**Stegdoppelplatte RESIST**	**Stegdoppelplatte ALLTOP**	**Isolierglas Floatglas**
Stärke mm	4	16	16	16	16,5
Gewicht kg/m²	6,3	2,8	5	5	20
UV-Durchlässigkeit	nein	nein	nein	ja	nein
Lichtbeständigkeit	sehr gut	gut	sehr gut	sehr gut	sehr gut
Hagelfestigkeit	gering	sehr gut	hervorragend	sehr gut	gut
Bruchsicherheit	gering	sehr gut	sehr gut	sehr gut	gering
Tropfenresistenz	gering	gut	gut	sehr gut	gering

Wohnen mit Kakteen – im Wintergarten

Träume vom fast ewigen Frühling werden im Wintergarten auf wenigen Quadratmetern Wirklichkeit. Dabei ist er keineswegs eine Erfindung der letzten Jahre. Wintergärten kennt man bereits seit über zwei Jahrhunderten. In den Anfängen war es nur der Adel, der sich eine „grüne Stube" leisten konnte. Doch bereits im vorletzten Jahrhundert gehörte es zum guten Ton, Villen und Stadthäuser durch einen Anbau mit viel Glas aufzuwerten.

Heute dient der Wintergarten vorwiegend als erweiterter Wohnraum und nicht zuletzt zur ganzjährigen Unterbringung der Lieblingspflanzen. Kakteen gehören schon immer zu den gern gesehenen Exoten in diesem Klima, welches sehr viel Ähnlichkeit mit dem eines Gewächshauses hat.

Standort und Klima

Süd-, Südost- und Südwestlagen eignen sich besonders für die Pflege sonnenhungriger Arten. Großwüchsige und attraktiv bedornte Kakteen sind hier Mittelpunkt und Blickfang zugleich. Durch einen Wintergarten wird der Wohnbereich räumlich erweitert. Und dass sich hier Kakteen wohlfühlen, bedarf keiner Frage, wenn auch die Schönheit der Pflanzen in Abhängigkeit der Verglasung steht. Isolierverglasungen zum Beispiel bringen Lichtverlust und beeinträchtigen somit das Aussehen der Kakteen – vor allem das der Bedornung. Für Liebhaber des „stacheligen Hobbys" lohnt sich deshalb die Verwendung von UV-durchlässigen Verglasungen.

Viel frische Luft ist auch im Wintergarten die Garantie für gesunde Pflanzen.

Sinnvoll integrierte Ventilatoren und Lüftungsfenster sorgen für ausreichenden Luftaustausch und verhindern dadurch Wärmestaus. Wenn auch im Winter die Tagestemperaturen auf 20 °C und mehr klettern dürfen, sollten die Temperaturen zur Nachtzeit möglichst nur 10 bis 16 °C betragen. Damit ist bei minimaler

Ein Wintergarten bietet frei ausgepflanzten Kakteen optimale Wachstumsbedingungen.

Blickfang im Wintergarten: verschiedene Säulenkakteen und Agaven

Gießfeuchtigkeit die für den Großteil der Kakteen erforderliche Winterruhe gewährleistet.
Zur Verbesserung des Kleinklimas im Wintergarten im Frühling und Sommer sollte auf den Wegen bei sonnigem Wetter in den frühen Abendstunden großflächig Wasser ausgebracht werden.

Einrichtung und Pflege

Ob Kakteen frei ausgepflanzt werden oder in Kübeln oder eventuell in Terrakottagefäßen stehen, ist eine Frage des persönlichen Geschmacks.
Freie Auspflanzungen kommen dem natürlichen Empfinden am nächsten. Denn wer möchte nicht ein „Klein-Mexiko" in der Wohnung haben? Doch aufgepasst! Jeder Wintergarten ist auch ein Paradies für Schädlinge. Regelmäßige Kontrollen verhindern ihre Ausbreitung und die damit aufkommenden Probleme bei deren Bekämpfung.
Sofern der Wintergarten als erweiterter Wohnraum genutzt wird, sind der Anwendung von Insektiziden natürliche Grenzen gesetzt. Hier lohnt der Einsatz von Nützlingen.

Winterharte Kakteen und Sukkulenten

Exotik im Steingarten: Opuntia phaeacantha *var.* longispina *mit gelben, rotschlundigen Blüten und die rotblühende* Opuntia erinacea *var.* utahensis.

Die Heimat winterharter Kakteen liegt meist in den Gebirgsregionen unserer Erde. Wer in derartigen, von Sonne, Hitze, Trockenheit, jedoch auch von Schnee und Kälte geprägten Landschaften überleben will, muss sich anpassen können.

Ausdauernde Überlebenskünstler

Zahlreiche sukkulente Pflanzen können dies. Was lässt nun diese Pflanzen zu Lebenskünstlern werden? Da ist einmal ihre angeborene Sukkulenz, die Fähigkeit also, Wasser für Trockenzeiten zu speichern. Dann der zähflüssige Zellsaft, der sich, instinktiven Trieben gehorchend, bei absinkenden Temperaturen verdickt. Jedes Zuviel an Feuchtigkeit wird ausgeschieden, die Pflanzen schrumpfen. Äußerst seltsam zeigen sich derartige Kakteen und andere Sukkulenten im Winter. Fahle graue, braune, rote und violette Farbtöne verdrängen die leuchtenden Farben des Sommers. Doch nach Wochen der Ruhe in Schnee und Kälte erwachen die vielgestaltigen Pflanzen zu neuem Leben. Die Triebe werden prall und lassen nach wenigen Wochen zukünftige Freuden erahnen. Immerhin sind viele dieser auch als Freilandsukkulenten bekannten Pflanzen äußerst dekorativ und nicht selten mit Blüten geradezu überschüttet. Alle sind wie geschaffen für sonnige Gartenplätze. Am liebsten stehen sie in hausnahen Rabatten, im Steingarten oder rund um Trockenmauern und -wälle. Ein sorgfältig vorbereitetes Pflanzbeet verhindert Staunässe und damit den vorzeitigen Verlust der Pflanzen. Hierzu sollte eine Drainage bestehend aus Kies, Schlacke, Ziegelstücken oder Ähnliches vorgesehen werden. Als Substrat hat sich eine Mischung aus Kies, Lehm und Gartenerde zu gleichen Teilen bewährt. Kiesige Materialen dienen als Abdeckung. Steine sind dekorativ, sie speichern aber auch Wärme und Feuchtigkeit und geben sie gezielt an die Pflanzen weiter. Einen Winterschutz benötigen Freilandsukkulenten im Allgemeinen nicht. Nur in niederschlagsreichen Gegenden ist ein winterlanger Regenschutz angebracht. Aufgelegtes Tannenreisig vermeidet Verbrennungen durch die Wintersonne.

Profi Tipp von mein schöner Garten

Allgemein verbreitete robuste Arten erleichtern den Einstieg und reduzieren Misserfolge: heimische *Sedum*- und Hauswurzarten mit zahlreichen Hybriden, dann Feigenkakteen wie *Opuntia phaeacantha* und einige ihrer Varietäten.

Faszinierende Vielfalt

Nach ihrer Wuchsform und ihren Ansprüchen lassen sich Freilandsukkulenten in drei Gruppen unterscheiden. Da ist einmal die Vielfalt der Arten und Züchtungen der Haus- oder Donnerwurz, botanisch *Sempervivum*. Oder dann die vornehmlich als Bodendecker bekannten *Delosperma*- und *Sedum*-Arten. Und nicht zuletzt sind es dann robuste, unserem Winterwetter trotzende, Kakteen, vornehmlich der Gattung *Opuntia* mit bis zu 10 cm großen Blüten in Weiß, viele jedoch in Gelb- und Rottönen und auch mehrfarbig. Beliebig lässt sich das Sortiment mit rund 30 Kakteen-Arten aus den Gattungen *Coryphantha*, *Echinocereus*, *Escobaria*, *Maihuenia*, *Pedicactus* und *Pterocactus* erweitern. Eine faszinierende Außenseiterrolle spielen winterharte Agaven, zum Beispiel *A. megalacantha*, die mit etwas Erfahrung und in individuell vorbereitetes Substrat gepflanzt, über Jahrzehnte hinweg das Sortiment von nicht alltäglichen Sukkulenten bereichern kann.

Faszinierender Anblick im winterlichen Sukkulenten-Garten. Die bis 50 cm große Agave megalacantha *aus den Gebirgen Mexikos ist wie erstarrt in Schnee und Kälte.*

Ein halbes Dutzend Arten aus der Familie der Mittagsblumengewächse kann als frosthart angesehen werden. Eine der schönsten ist Delosperma cooperi. *Sie blüht sommerlang.*

Faszinierende Cristaten

Eine wertvolle Bereicherung des Kakteenhobbys und ohne Frage faszinierend sind die Cristaten oder Kammformen. Man findet sie in verschiedenen Gattungen, völlig losgelöst von jeglicher Systematik, bei säuligen wie auch kugeligen Arten. Sie entstehen manchmal bereits bei Sämlingen, doch auch spontan aus dem Scheitel älterer Pflanzen. Genau definiert handelt es sich bei Cristaten oder Kammformen um hahnenkammförmige Missbildungen, die unregelmäßig und nicht selten unvorhergesehen auftreten. Erste Hinweise auf eine Cristatbildung gibt eine Verbreitung des Vegetationspunktes, dem Scheitel des einzelnen Triebes. Oft lösen sie sich ohne erkennbare Ursache wieder auf.

Das Rätsel der Cristatbildung

Wenn auch in der Literatur immer wieder von einem Rätsel der Cristatenbildung berichtet wird, so hat der Verfasser nach nunmehr 50 Jahren in umfangreichen Versuchen mit diesem Phänomen deutliche Hinweise auf eine Wachstumsüberreaktion, die durch Erdstrahlen und Verwerfungen am Standort der Kakteen begründet ist. So gelang es durch gezielte Aussaat und dem Aufstellen von Pflanzen auf bestrahlten Pflegeplätzen, Cristaten zu erzielen, die danach strahlungsfrei platziert nach erstaunlich kurzer Zeit wieder auf die normale Wuchsform zurückfielen.

Cristate Formen sind auffallend wüchsig, das vegetative Wachstum überwiegt stark. Dies hat zur Folge, dass derartige Kakteen bis auf wenige Ausnahmen nur wenige, ganz selten verbänderte, Blüten bringen. Auch Sämlinge von Cristaten zeigen diese Missbildung kaum, sie ist somit nicht vererblich.

Gepfropfte Cristaten

Fast immer findet man Cristaten auf Säulenkakteen wie *Echinopsis pachanoi* und *Echinopsis spachiana* in nahezu jeder beliebigen Höhe gepfropft. Damit lassen sie sich in den Sammlungen weitaus besser darstellen. Probleme mit gepfropften Cristaten ergeben sich dann,

Zu den verlässlichen Blühern gehört Mammillaria zeilmanniana *f.* cristata.

Urwüchsig und bizarr im Alter: Parodia scopa *f.* glauseriana *f.* cristata.

Unübersehbar in jeder Sammlung sind Cristaten oder Kammformen, hier auf Echinopsis pachanoi *gepfropft.*

wenn sich die Verbänderungen durch starken Druck auf die Pfropfunterlage von ihr abzuheben beginnen. Dem kann gleich zu Anfang durch schräges Aufsetzen des Cristata-Pfröpflings oder später durch gezieltes Beschneiden der Verbänderungs-Enden zumindest für eine gewisse Zeit Einhalt geboten werden.

Monströse Formen

Man findet sie vorwiegend bei einigen wenigen Säulenkakteen, die als „Felsenkaktus" bekannt sind. Es handelt sich hierbei um verbogene, unregelmäßige Rippen, teilweise verschmolzene Areolen und scheinbar regellos verwachsene kurze oder lange Seitenäste. Die daraus entstehenden Gebilde sind äußerst dekorativ und außerdem gut pflegbar. Weit verbreitet ist die monströse Form von *Cereus uruguyanus* (syn. *Cereus peruvianus*), dessen urwüchsige Anhäufung von Trieben drei und mehr Meter hoch werden kann. Er wird deshalb auch „grüner Felsen" oder „Korallengruppe" genannt. Die Zahl der Blüten steht denen der normal gewachsenen Art nicht nach. Sie erblühen ohne Hinweise auf Abnormität und bilden nicht selten Samen, die auffallenderweise wieder monströse Nachkommen bringen.

Weitere monströse Formen sind unter anderem bei *Lophophora* und *Mammillaria saboae* zu beobachten. Vereinzelt äußern sich Wuchsunregelmäßigkeiten in völlig kahlen, areolenlosen Sprossen oder in einer dichten und massiven Ansammlung von Blüten.

Solche monströs wachsende Kakteen sind jeweils nach dem Artnamen mit dem Zusatz forma monstrosa bezeichnet.

Andere Sukkulenten

Zu den Mittagsblumengewächsen gehört Frithia pulchra *aus Südafrika.*

Farbenprächtige Sukkulenten

Neben den Kakteen sind die so genannten anderen Sukkulenten die wohl bekanntesten Bewohner der Trockengebiete unserer Erde. Sie kommen in etwa 50 Pflanzenfamilien mit mehr als 600 Gattungen und tausenden von Arten vor. Ihr Formenkreis ist unerschöpflich. Da kauern kaum identifizierbare Mimikry-Pflanzen in scheinbar toter Erde, während daneben säulige Euphorbien oder breit ausladende Agaven von ihrer fernen Heimat, vor allem dem afrikanischen und amerikanischen Kontinent, erzählen.

Obwohl viele andere Sukkulenten aussehen wie Kakteen, unterscheiden sie sich doch grundsätzlich von ihnen. Die Dornen der Kakteen sind umgebildete Blätter, die Dornen der im Aussehen ahnlichen Euphorbien dagegen ganz oder teilweise umfunktionierte Seitenäste oder, wie bei den *Senecio-* oder *Crassula-*Arten, abgewandelte Blütenstände. Echte Stacheln also holzige, spitze Auswüchse der Oberflächengewebe, sind die Blattstacheln einiger Agaven und Aloen sowie die von *Euphorbia milii*, dem altbekannten Christusdorn.

Die Pflege

Grob unterscheidet man Wurzel-, Stamm- und Blattsukkulenten. Wurzelsukkulenten finden bei Sukkulentenfreunden nur wenig Interesse, da sie sich mit ihren oberirdischen Teilen kaum von nichtsukkulenten Pflanzen unterscheiden. Dagegen stellen Stamm- und Blattsukkulenten einen beachtlichen Teil der Liebe zu sukkulenten Pflanzen dar. Dies äußert sich auch in der Pflege, die weitgehendst an die der Kakteen erinnert. Der Großteil der Arten benötigt sonnige Pflegeplätze, doch finden sich gerade hier Pflanzen, die auch im Halbschatten oder sogar am Nordfenster gedeihen. Damit sind sie zu beliebten Zimmerpflanzen geworden, denen auch höhere Temperaturen im Jahresdurchschnitt keine Nachteile bringen. Doch auch sommerlang vor dem Fenster, im Garten und nicht zuletzt im Gewächshaus und Wintergarten zählen sie zu den anspruchslosesten Pflanzen überhaupt. Viele Arten nehmen Gießfehler und längere Trockenperioden nicht übel, wenn auch die individuelle Pflege den Erfolg ausmacht: exotische Schönheit und faszinierende Blüten. Hier sei an eine Vielzahl von winterblühenden anderen Sukkulenten hingewiesen, die teilweise als Kurztagsblüher triste Wintermonate verschönern helfen.

Graptopetalum bellum *wurde erst im Jahre 1972 in Mexiko entdeckt.*

Blütenschön: Mittagsblumen der Gattungen Delosperma *und* Lampranthus

Eine Auswahl

Mexiko ist die Heimat blatt- und blütenschöner Blattsukkulenten. *Agave*, *Echeveria*, *Graptopetalum* und *Sedum* sind nur vier Gattungen, deren Arten gerade den Anfang der Liebe zu Sukkulenten bedeuten. Ähnlich in der Pflege sind Aeonien, die vorwiegend von den Kanarischen Inseln kommen. In Afrika wimmelt es förmlich von sukkulenten Schönheiten. Unter Gattungsnamen wie *Aloe*, *Crassula*, *Euphorbia*, *Haworthia*, *Kalanchoe* und *Senecio* finden sich eine Fülle von Pflanzen, von denen manche Arten auch an absonnigen Plätzen gedeihen und viel Freude bringen. Viel Sonne benötigen die Mittagsblumengewächse mit blütenschönen Arten der Gattungen *Conophytum*, *Delosperma*, *Frithia*, *Lampranthus* und *Lithops*.

Tillandsien

Der Großteil der grauen Tillandsien findet im Kakteengewächshaus ein geradezu optimales Zuhause.

„Töchter der Lüfte" werden diese attraktiven Pflanzen aus der Familie der Bromeliengewächse in ihrer mittel- und südamerikanischen Heimat liebevoll genannt. Annähernd 550 Arten sind bis heute bekannt. Dazu kommen noch Varietäten, Formen und Hybriden. In ihrer Heimat zählen sie vielerorts zur Begleitflora von Kakteen. Somit lassen sie sich mühelos in eine Kakteensammlung integrieren. Man unterscheidet grüne und graue Tillandsien, die auch unterschiedliche Pflegeansprüche haben. Für Neulinge unter ihren Liebhabern sind vor allem graue Tillandsien empfehlenswert, die buchstäblich von der Luft und von der Liebe leben.

Standort und Pflege

Sie wachsen am liebsten epiphytisch auf Ästen mit grober Rinde, zum Beispiel Rebholz, Robinienästen, Korkrinde oder Thujenholz oder auf Steinen mit rauer Oberfläche. Auf dieser Unterlage hält sich die Feuchtigkeit sehr lange, um von den Wurzeln aufgenommen zu werden. Bewährt hat sich die Befestigung mit einem Perlonstrumpfstreifen. Im Winter benötigen Tillandsien bei hellem bis vollsonnigem Standort etwa Zimmertemperaturen. Ab Mitte Mai können sie nach draußen. Ganz wichtig ist eine ständig hohe Luftfeuchtigkeit von mindestens 60 %, die durch möglichst tägliches Besprühen bzw. Tauchen erreicht wird. Der Nährstoffbedarf ist sehr gering. Während des Sommers wird wöchentlich einmal gedüngt. Blüten zeigen sich vorwiegend im Frühsommer. Danach stirbt die Pflanze ab und entwickelt gleichzeitig ein oder mehrere Kindel.

Profi Tipp von mein schöner Garten

Tillandsien mögen kein kalkhaltiges Wasser. Weiches Regenwasser ist ideal.

Pflege

Die richtige Erde

Fast jeder Kakteenfreund hat sein eigenes Erdenrezept. Doch alle Substrate haben eines gemeinsam: Sie müssen durchlässig sein, denn Staunässe ist der größte Feind der Kakteenwurzeln. Bewährt hat sich folgendes Standardgemisch: Gartenerde, alte Kompost- oder Buchenlauberde, verwitterter Lehm, grober Sand oder ähnliche Materialien wie Ziegel-, Granit- oder Lavagrus, Perlite oder Bimskies in etwa gleichen Teilen. Ein Zusatz von etwa 5 % granulierter Holzkohle ist für die Gesunderhaltung der Wurzeln unerlässlich.

Käufliche Substrate

Käufliche Erden sind im Allgemeinen für „Wüstenkakteen" zu schwer. Sie bestehen auch heute vielfach noch aus Torf, dann Torfersatzstoffen und Lehm. Sofern nicht bereits so genannte Lockerungssubstanzen wie Sand, Ziegelgrus oder Styromull („Atmungsflocken" zur besseren Durchlüftung) enthalten sind, lohnt die Zugabe von den oben genannten Substanzen. „Unverdünnt" eignen sie sich für epiphytische Kakteen, besonders *Epiphyllum*, *Hatiora*, *Rhipsalis* und *Schlumbergera*. Weitere Empfehlungen zum Thema Substrat siehe unter Pflegegruppen (Seite 54).

Kakteen in Hydrokultur

Grundsätzlich eignen sich alle Kakteenarten für die so genannte erdelose Kultur. Wer die Pflegegrundsätze beachtet und auf die Bedürfnisse einzelner Arten eingeht, wird damit viel Freude haben. Es lohnt, sich speziell mit diesem Thema zu befassen und eventuell bei Spezialgärtnereien vorkultivierte und bewährte Pflanzen auszuwählen. Wer will, kann die Umstellung von Erd- auf Hydrokultur selbst vornehmen und sich stückweise in diese etwas andere Dimension der Kakteenpflege hineintasten.

Das Abdecken des Substrats mit Kies oder Ähnlichem verhindert Fäulnis am Wurzelhals der Kakteen.

Individuell zubereitete Erden sind der Schlüssel zum Erfolg, auch bei freiem Auspflanzen.

Bei der Hydrokultur werden die Pflanzen in einer Nährlösung kultiviert. Neutral reagierende Materialien wie Blähton oder Grolit dienen als Halte- beziehungsweise Stützsubstrat.

Als Pflanzennahrung verwendet man speziell entwickelten Hydropflanzendünger oder spurenelementhaltige Volldünger, die auch für Hydrokultur geeignet sind.

Äußerst vorteilhaft ist die Langzeitdüngung mit Ionenaustauschern. Hiermit sind Ernährungsfehler weitgehendst ausgeschlossen. Der Ionenaustausch funktioniert jedoch nur in wässrigem Milieu.

Anstauverfahren

Mit dem Anstauverfahren eröffnen sich völlig neue Dimensionen in der Gießtechnik. Es gilt als eine Form der Hydrokultur. Auch hier stehen die Kakteen in Blähton, Bimskies oder Lavalit in sorgfältig abgedichteten Kästen, Schalen oder großvolumigen Pflanzwannen. Wasser wird so lange verabreicht, bis das Substrat gesättigt ist. Die Versorgung mit Nährstoffen erfolgt über herkömmliche Kakteendünger. Ionenaustauscher eignen sich dafür nicht.

Besonders blühfreudig sind großwüchsige Kakteen im Gewächshaus und Wintergarten, wenn sie durch das Anstauverfahren bewässert werden. Allerdings ist Erfahrung erforderlich, um die Pflanzen über Jahre hinweg verlustfrei nach dieser Methode zu pflegen. Dies gilt vor allem für die Winterpflege, wo Wasser nur sparsam gegeben werden darf.

Profi Tipp von mein schöner Garten

Normale Blumenerde ist für Kakteen nicht geeignet. Am besten gedeihen sie in einer Mischung aus Gartenerde, Lehm, Sand, etwas Kompost und Holzkohle für gesunde Wurzeln.

Pflanzgefäße

Die früher gebräuchlichen Tontöpfe sind heute weitgehendst durch Kunststofftöpfe verdrängt. Hier wachsen und blühen Jungpflanzen von Echinocereus pectinatus *um die Wette.*

Kakteen leben nicht nur von der Luft und von der Liebe. Das beim Kauf miterworbene Töpfchen ist nur als Verpackung gedacht; man sollte daher den Wurzeln bald Gelegenheit geben, sich so zu entwickeln, dass sie bei Bedarf genügend Nährstoffe und Feuchtigkeit aufnehmen können.

Ton oder Kunststoff?

Der Tontopf, seit Generationen der Inbegriff eines Pflanzgefäßes, hält heute nur noch in wenigen Punkten einer kritischen Beurteilung stand. Entscheidend für die überwiegend ablehnende Haltung der Praktiker ist das poröse Material: Bei freier Aufstellung verdunstet durch die Topfwand Erdfeuchtigkeit, die löslichen Salze fallen aus, und es kommt zu unschönen Ausblühungen an der äußeren Topfwand. Das hier konzentrierte Nährstoffangebot ist einer der wichtigsten Gründe, weshalb sich im Tontopf alle Saugwurzeln an der Topfwand befinden. Doch der schönste Topfballen tröstet nicht darüber hinweg, dass die Wurzeln der Kakteen in frei aufgestellten Tongefäßen offensichtlich Nachteile erleiden:

- Dauernde Wasserverdunstung durch die poröse Gefäßwand verursacht Verdunstungskälte und Anreicherung von Kalziumkarbonat (Alkalisierung) im Wurzelbereich.
- Sonneneinstrahlung erhitzt die Tongefäße und steigert die Verdunstung. Bei unzureichender Wasserzufuhr sterben die feinen Saugwurzeln ab. Die Pflanze wird geschwächt und anfällig für Schädlinge und Krankheiten im Wurzelbereich.

Profi Tipp von mein schöner Garten

Mit in Schalen und Kästen frei ausgepflanzten Kakteen kann man viel Freude haben. Wichtige Voraussetzungen zum Gelingen sind etwas Einfühlungsvermögen und der Ratschlag eines Erfahrenen, der vor allem die Wachstumsgewohnheiten und die Bedürfnisse der vorgesehenen Pflanzen kennt.

Die Pflanzgefäße aus Kunststoff besitzen wesentlich günstigere Eigenschaften:

- Der gleichmäßig durchwurzelte Ballen zeigt, dass das Nährstoffangebot nicht durch Salzanreicherung gestört wird.
- Die Verdunstungsfläche ist wesentlich kleiner. Gießwasser kann nur an der Erdoberfläche verdunsten. Der Wasserverbrauch wird mindestens um die Hälfte reduziert, die Gießabstände sind größer.
- Verluste in Kunststofftöpfen lassen sich meist auf zu häufiges Gießen zurückführen.

Töpfe oder Schalen?

Die Frage, wo Kakteen am besten gedeihen, in Einzeltöpfen oder Schalen, fällt zugunsten der Schalen aus. Warum?

- Der erweiterte Erdraum bedeutet gleichmäßige Feuchtigkeit und eine gute Verteilung der Nährstoffe. Das Wurzelwerk kann sich optimal entwickeln und das Wasser- und Nährstoffangebot vollständig ausnützen.
- Pflanzen mit ähnlichen Ansprüchen lassen sich hier zu schönen Gruppen vereinen.
- Das Umpflanzen entfällt über Jahre hinweg. Wurzeln werden nicht verletzt und Wachstumsstockungen vermieden.
- Schalen lassen sich mühelos umstellen – in den sommerlichen Garten, auf den Balkon und zurück ins Winterquartier. Eine ganze Sammlung kann auf diese Weise leicht an einen günstigen Platz gebracht werden.

Einige Nachteile sollen nicht verschwiegen werden:

- Zu dicht stehende Kakteen hemmen oder unterdrücken sich gegenseitig, vor allem, wenn bei falscher Pflanzenauswahl langsam und schnell wachsende Arten zusammenkommen. Aufwändige Umpflanzungen sind die Folge.
- Schädlinge wie Wurzelläuse und Nematoden können sich in der Erde ungestört und viel unbemerkter entwickeln als in Einzeltöpfen. Dies gilt auch für frei ausgepflanzte Kakteen im Gewächshaus oder Wintergarten.

Sofern Kakteen in Platz sparenden Kunststoff-Viereck-Töpfe gepflanzt sind, lässt sich auf kleinstem Raum eine ganze Sammlung unterbringen.

Umpflanzen

Jedes Pflanzgefäß für Kakteen wird irgendwann zu klein, so dass umgepflanzt werden muss. Die beste Zeit dafür sind die Monate März bis Juli. Jungpflanzen und überhaupt starkwüchsige Kakteen sollte man jedes Jahr, ältere und allgemein langsam wachsende Exemplare dagegen frühestens nach drei bis fünf Jahren in eine neue Erde pflanzen. Im Allgemeinen richtet sich der Zeitpunkt des Umpflanzens nach der Beschaffenheit des verwendeten Substrats. So zersetzen sich humose Erden relativ schnell und verlieren damit ihre lockere und luftdurchlässige Struktur. Mineralische Substrate dagegen verändern sich kaum. Eine verbrauchte Erde erkennt man daran, dass sie sich an ihrer Oberfläche nur schwerlich mit einem spitzen Hölzchen lockern lässt und außerdem nach dem Begießen eine geschlossene, verschlämmte Schicht bildet. Überhaupt ist immer dann umzupflanzen, wenn das Pflanzgefäß zu klein geworden ist oder die Wurzeln durch das Abzugsloch bzw. über den Topfrand wachsen.

Um Verletzungen an den Händen zu vermeiden, sollte man beim Umpflanzen auf altbewährte Hilfsmittel nicht verzichten; eine Zange aus Holz oder Metall, dicke Lederhandschuhe oder bei stark bedornten Kakteen ein dickes Seil oder Lederband, ein zusammengerolltes Tuch oder eine Pappmanschette schützen vor Dornen und Glochiden.

Freies Auspflanzen

Es ist naheliegend, größere Kakteen im geräumigen Blumenfenster, Gewächshaus oder Wintergarten frei, das heißt ohne Pflanzgefäße, in ein Erdbeet auszupflanzen. Feigen-, Kugel- und Säulenkakteen sowie kletternde Arten der Gattungen *Heliocereus*, *Hylocereus* und *Selenicereus* entwickeln sich darin zu bemerkenswerter Schönheit. Wer es hier mit etwas Erfahrung versteht, Individualwünsche der Pflanzen auf kleinstem Raum zu erfüllen, wird über Jahre hinweg viel Freude haben.

Umgepflanzte Kakteen sollte man etwa eine Woche nicht gießen. Vorteilhaft ist ein warmer, jedoch schattiger Platz. Durch tägliches Überbrausen oder Besprühen werden sie zur Bildung neuer Wurzeln angeregt. Wenn sich dann ein Neutrieb zeigt, gründlich gießen.

Frei ausgepflanzte Kakteen im Gewächshaus des Autors

Durch vorsichtiges Aufstoßen des Topfes löst man den Wurzelballen.

Alte Erde zwischen den Wurzeln mit einem Hölzchen entfernen. Die Wurzeln einkürzen.

Erde rings um den Kaktus auf die zuvor eingegebene Drainage füllen.

Mehrmaliges Aufstoßen sorgt für einen sicheren Halt. Etwa 1 cm Gießrand vorsehen.

Gießen

Leider ist die irrige Ansicht, Kakteen benötigen wenig Wasser, immer noch weit verbreitet. Häufig wird sie sogar als kostenlose Beigabe beim Pflanzenkauf mitgegeben. Kein Wunder also, wenn die Kakteen dann, womöglich an einem vollsonnigen Platz, weder wachsen noch blühen.

Dank eines gut ausgebildeten Wurzelwerkes mit unzähligen Saugwürzelchen können Kakteen rasch Wasser aufnehmen und im Gewebe speichern. Ausnahmen sind tiefwurzelnde Säulenkakteen und einige Arten mit ausgesprochenen Rübenwurzeln.

Steht den Kakteen Wasser zu Verfügung, dann wachsen sie und erreichen bei gleichzeitig hoher Lichtmenge und der erforderlichen Mindesttemperatur ihr arttypisches Aussehen.

Die Wassermenge muss auf die Bedürfnisse der einzelnen Arten abgestimmt sein. Allein die Launen des Wetters verlangen ein gutes Fingerspitzengefühl.

Der optimale Giesszeitpunkt

Der Großteil der Kakteen benötigt während der Wachstumszeit, das heißt zwischen April und August, ausreichend Wasser. Man gießt immer dann, wenn die Erde trocken ist. Bei hohen Sommertemperaturen sind abendliche Wassergaben vorteilhaft.

Spätestens im Oktober müssen dann alle „Wüstenkakteen" nahezu trocken stehen. Je nach Überwinterungstemperatur und Luftfeuchtigkeit bekommen sie in drei- bis vierwöchigem Abstand nur tropfenweise Wasser. Überwintern die Pflanzen im Gewächshaus, benötigen sie dort kaum Gießfeuchtigkeit. Ausnahmen sind epiphytisch wachsende Kakteen und Cleistokakteen, die in mäßig feuchter Erde stehen sollten. Sie bekommen zweimal wöchentlich ganz vorsichtig Wasser.

Das richtige Giesswasser

Kakteen benötigen einen leicht sauren Boden. Deshalb sollte grundsätzlich nur mit sauberem Regenwasser oder kalkarmem, weichem Leitungswasser gegossen werden. Hartes Wasser kann mit Enthärtungstabletten oder durch Ansäuern mit Spezialpräparaten aus dem Fachhandel den gewünschten pH-Wert von 5 bis 6 erhalten.

Das Gießwasser sollte bei Gebrauch mindestens Raumtemperatur haben. Bis zu 35 °C temperiertes Wasser trägt entscheidend zum guten Gedeihen der Kakteen bei. In der Sonne erwärmt sich das Wasser einer Gießkanne bald und erreicht schon nach wenigen Stunden die ideale Gießtemperatur.

Die sommerlang blühenden Thelokakteen erwarten regelmäßige Wassergaben.

Nebeln ersetzt den Tau

Tau und die dadurch erhöhte Luftfeuchtigkeit sind für die meisten Kakteen äußerst wachstumsfördernd. Man sollte daher ihr Bedürfnis nach Luftfeuchtigkeit weitgehendst berücksichtigen. Entscheidend für optimale Wachstums- und Blüherfolge ist die der Tageszeit angepasste Luftfeuchtigkeit. Während des Wachstums sollte daher bei Kakteen nachts für hohe Luft- und notfalls auch Erdfeuchtigkeit gesorgt werden. Der nächtliche Tau ihrer Heimat lässt sich am besten durch morgendliches Zerstäuben von kalkfreiem, möglichst angewärmtem Wasser ersetzen.

Epicactus *'Martha Knebel'*

Düngen

Im Handel werden vorwiegend Misch- oder Volldünger in gebrauchsfertiger Form angeboten. Sie lassen sich sauber und einfach einsetzen. Für Kakteen ist wichtig, dass der Stickstoffanteil gering ist. Meist tragen diese Düngerpräparate die spezielle Bezeichnung „Kakteendünger".

Ob nun mineralische oder organische Dünger verwendet werden, hängt vom Substrat ab. Mineralische Substanzen kann man für Mineral- oder Humuserden verwenden. Organische Dünger dürfen dagegen nicht in reine Mineralsubstrate eingemischt werden, da hier die zur Umsetzung der Nährstoffe erforderlichen Mikroorganismen fehlen. Organische Substanzen müssen nämlich durch Bakterien erst in wasserlösliche, anorganische Mineralsalze umgewandelt werden, um von den Pflanzenwurzeln aufgenommen werden zu können.

Richtig Düngen

Auch die beste, mit Nährstoffen angereicherte Kakteenerde kann den Pflanzen nur für kurze Zeit gute Wachstumsbedingungen bieten. Bald sind die Nährstoffe verbraucht, man muss nachdüngen. Als einfachste Form gilt die Flüssigdüngung. Dazu werden entweder Nährsalze in Wasser gelöst oder flüssige Düngerkonzentrate mit Wasser verdünnt. Die zuvor gelösten Nährstoffe gelangen beim Gießen sehr viel schneller an die Wurzeln und können direkt von ihnen aufgenommen werden. Um Wurzelschäden zu vermeiden, ist es wichtig, die angegebenen Anwendungsmengen keinesfalls zu überschreiten.

Profi Tipp von mein schöner Garten

Kakteen während der Wachstums- und Blütezeit in Abständen von zwei bis drei Wochen düngen. Zuvor sollte man die Erde gründlich anfeuchten, damit sich die Nährstoffe gleichmäßig verteilen und keine Wurzelschäden entstehen. Ein großflächiges Ausbringen der Düngerflüssigkeit ist ungefährlich, sofern alle Pflanzen anschließend mit klarem Wasser überbraust werden.

Kakteen, die ihre Ruhezeit haben oder frisch umgepflanzt wurden, dürfen nicht gedüngt werden. Auch kränkelnde Kakteen dürfen keinen Dünger bekommen. Sie zeigen durch das frische Grün ihrer Scheitel an, wenn sie sich erholt haben und wieder Wasser und Nährstoffe aufnehmen können. In allen Fällen sollte man mindestens drei Wochen bis zur ersten Düngung warten.

Für epiphytisch wachsende Kakteen ist die Verwendung organischer Dünger, ob in flüssiger Form oder als Streudünger, empfehlenswert.

Klima und Temperatur

Von nahezu optimalen Voraussetzungen profitieren diese Säulenkakteen.

Kakteen sind überwiegend Bewohner sonnig-heißer Regionen. Deshalb benötigt der Großteil der Arten im Sommer tagsüber Temperaturen von wenigstens 25 bis 35 °C. Diese Werte werden an sonnigen Tagen auf einem nach Süden gerichteten Fensterbrett, im Frühbeet, Gewächshaus oder Wintergarten ohne Mühe erreicht.

Die Nachttemperaturen können und sollten erheblich niedriger sein.

Zur Winterzeit sollten die Temperaturen nicht über 15 °C ansteigen und möglichst 5 °C nicht unterschreiten. Einige Kakteen wie der Weihnachtskaktus müssen im Winter möglichst bei Zimmertemperatur stehen.

Profi Tipp von mein schöner Garten

Viele Kakteen blühen nur dann reich, wenn sie regelrecht kalt (bis 5 °C) überwintert werden. Wichtig: Je kälter der Aufstellungsort ist, umso trockener sind die Pflanzen zu halten.

Nicht alle wollen Sonne

Die immer wieder zu hörende Meinung, Kakteen können nie genug Sonne bekommen, ist nur teilweise richtig. Viele Arten fühlen sich an stundenweise besonnten oder absonnigen Plätzen weitaus wohler. Gedacht ist hier an Pflanzen ohne Wachsüberzug und mit nur spärlicher Bedornung. Auch Sämlinge und Jungpflanzen können an einem nach Osten oder Westen ausgerichteten Platz stehen.

Die „Mexikaner" dagegen benötigen mehr Sonne und Wärme als beispielsweise „Urwaldkakteen", die im Sommer ihre Ruheperiode haben. Hier sei beispielsweise an den Weihnachtskaktus, *Schlumbergera truncata*, mit seinen blütenschönen Verwandten erinnert, der während dieser Zeit einen luftigen Platz im Schatten eines Baumes vorzieht, sofern er nicht in ein sorgfältig schattiertes Epiphyten-Fenster integriert werden konnte.

Wind ist nachteilig

Zugige Pflegeplätze lassen deutliche Einbußen in Wachstum und Blühverhalten erkennen. Kakteen gehören zum Großteil der Pflanzen, die man windgeschützt, jedoch nicht in einem stagnierenden Luftraum, aufstellen sollte. Dort, wo nicht gleich Wind vermieden werden kann, ist Windschutz unerlässlich. In seinem Schatten wird der Wärmeaustausch und die Wasserverdampfung verringert. Auch die Temperaturverhältnisse, der Gasaustausch und die Verdunstung werden im Windschatten positiv beeinflusst.

Rechtzeitig abhärten

Im Spätsommer sollte man die Kakteen möglichst den Witterungseinflüssen aussetzen, etwa dem Morgentau, sowie großen Temperaturschwankungen zwischen Tag und Nacht. Bei gleichzeitig reduzierten Wassergaben bereiten sich die Pflanzen schon im September auf die Winterruhe vor. Die letzten kräftigen Sonnenstrahlen stärken ihre Widerstandskraft und fördern den Blütenansatz für das kommende Jahr bevor die Pflanzen eingeholt werden.

Temperaturmessung mit einem Minima-Maxima-Thermometer

Kulturmöglichkeiten einiger Kakteenarten

Art	Fensterbank	Frühbeet	Freiluftaufstellung	Gewächshaus
Astrophytum asterias		x		
Echinocactus grusonii	x	x	x	x
Leuchtenbergia principis		x		x
Parodia leninghausii	x	x	x	x
Pelecyphora asseliformis		x		x
Rhipsalis houlettiana	x		x	x
Uebelmannia pectinifera		x		x

Schädlinge und Krankheiten

Gut gepflegte Kakteen sind kaum anfällig für Krankheiten und Schädlinge. Trotzdem heißt es aufpassen! Durch neu erworbene oder eingetauschte Pflanzen werden oft Schädlinge eingeschleppt. Sie treten gerne als Schwächeparasiten auf und befallen in erster Linie verweichlichte Pflanzen.

Wurzelläuse

Wurzelläuse leben an den Wurzeln in weißwolligen Gespinsten. Durch ihre Saugtätigkeit wird das Wachstum der Kakteen stark beeinträchtigt. Es lohnt die Wurzeln zurückzuschneiden und vor und nach dem Einpflanzen mit systemischen Präparaten vorzugehen.

Wollläuse im Scheitel einer Echinopsis

Woll- und Schmierläuse

Woll- und Schmierläuse sind weiß bepudert oder von weißer Wachswolle verdeckt und leicht zu erkennen. Bereits das Betupfen der Läuse mit einem in verdünnten Spiritus getauchten steifborstigen Pinsel ist erfolgreich zur Bekämpfung.

Schildläuse

Schildläuse befallen vor allem Säulen- und Feigenkakteen. Man erkennt sie an ihren braunen Schildchen. Die Bekämpfung ist nur mit speziellen Präparaten sinnvoll und immer langwierig.

Blattläuse

Blattläuse saugen vornehmlich an Knospen und zarten Jungtrieben der Blattkakteen. Bei geringem Befall hilft ein scharfer Wasserstrahl. Ansonsten kann man spezielle Blattlaussprays und Pflanzenzäpfchen verwenden.

Spinnmilben

Spinnmilben sind auch als „Rote Spinne" bekannt. Es sind winzige Tierchen, deren Saugstellen anfangs eher mattgrün, dann gelblich oder bräunlich werden. Spinnmilben befallen nur bestimmte Kakteenarten.

Schnecken werden vor allem Kakteenblüten gefährlich.

Eine Behandlung vor dem Überwintern ist sinnvoll, da sich die Spinnmilben in warmer, trockener Zimmerluft besonders schnell vermehren. Damit keine Resistenz eintritt, muss man die Mittel öfter zu wechseln.

Nematoden

Nematoden oder Wurzelälchen sind mit Abstand die gefährlichsten Schädlinge an Kakteen. Symptome sind Wachstumsstillstand und Kümmerwuchs. Zur Eindämmung der Nematodenplage ist äußerste Hygiene wichtig. Töpfe, Schalen und alle weiteren Arbeitsgeräte sind zu entseuchen. Als ungiftige Behandlung gilt das Heißwasserbad der Kakteenwurzeln: 30 Minuten bei 45 °C, sonst Anwendung von Spezialpräparaten.

Ameisen

Ameisen sind mehr lästig als gefährlich. Ein altes Hausmittel: Auslegen von in Zuckerwasser getränkten Schwämmen. Die Ameisen sammeln sich dort und können durch Überbrühen getötet werden. Spezielle Ameisenpräparate streut man auf Nester oder Wege. Neu sind Ameisen-Köderdosen mit natürlichen Wirkstoffen.

Asseln

Asseln besiedeln vor allem feuchte Partien im ungeheizten Gewächshaus und Frühbeet und werden im Herbst mit dem Einräumen der Kakteen in das Winterquartier gebracht. Sie verursachen Fraßschäden besonders an weichfleischigen Mammilarien und Sämlingen. Bekämpfung: Auslegen von ausgehöhlten Kartoffelhälften, Schnittfläche nach unten, und die Tiere einfach absammeln. Nur bei starkem Befall Anwendung von Spezialpräparaten.

Schnecken

Schnecken verursachen Schabe- und Lochfraß, vor allem an Neutrieben, Knospen und Sämlingen. Auch Schleimspuren und Kot weisen auf sie hin. Nächtliches Ablesen der Tiere hilft fast immer, nur in Ausnahmefällen sollte auf die nicht unproblematischen Schneckenkorn-Präparate zurückgegriffen werden.

Weitere Schädlinge

Weitere Schädlinge sind uner anderem Thripse, Minierfliegen, Springschwänze, Erdflöhe, Drahtwürmer, Raupen und Wiesenschnaken. Sie lassen sich mit Präparaten aus dem Fachhandel bekämpfen.

Viruskrankheiten

Besonders anfällig dafür sind *Epiphyllum*, *Hatiora* und *Schlumbergera*.
Symptome: Gelbliche, leicht eingesenkte Flecken, die sich erheblich ausdehnen können, dann trocknen und verbräunen. Wachstum und Blühfreudigkeit nehmen ab, bis schließlich Stillstand eintritt.

Triebwelke beim Weihnachtskaktus

Ursache: Viren, die von Insekten oder direkt mit dem Gewebesaft, etwa beim Pfropfen, übertragen werden.
Bekämpfung: Eindeutig befallene Pflanzen sind umgehend auszulesen oder zu vernichten! Treten Insekten auf, sollte man sie sofort bekämpfen. Schon Blattläuse können der Anfang einer verheerenden Entwicklung sein.

Pilzkrankheiten

Immer wieder werden an Kakteen die Brennfleckenkrankheit, *Botrytis*-Weichfäule, *Fusarium*-Fäule und -Welke, verschiedene Nassfäulen und Schorf festgestellt.
Zur wirksamen Bekämpfung sind derzeit nur wenige Präparate zugelassen. Aktuelle Hinweise gibt der Garten-Fachhandel.

Da jedoch die meisten der erwähnten Erkrankungen neben allgemeiner Schwäche vor allem durch Nässe und/oder überhöhte Luftfeuchtigkeit verursacht und gefördert werden, ist vorsichtiges Gießen, besonders bei niedrigeren Temperaturen angebracht. Außerdem: Pflanzen luftig halten und hohe Luftfeuchtigkeit vermeiden.

Andere Schäden

Auch ungünstige Umwelteinflüsse und Kulturfehler können Krankheiten mit typischen Symptomen verursachen.

Gelbfärbung

Zu viel Gießfeuchtigkeit führt zur Erkrankung der Wurzeln. Pflanze austopfen, erkrankte Wurzeln entfernen, schlimmstenfalls Kaktus als Steckling behandeln.

Rotfärbung

Rotfärbung entsteht durch plötzliche oder zu intensive Sonneneinstrahlung bei gleichzeitigem Wassermangel. Kakteen beschatten und feucht halten.

Verbrennungen

Besonders im Frühling ist ein regelrechter „Sonnenbrand“ möglich; blassgelbe Partien, die nie mehr ausheilen und als Schönheitsfehler zurückbleiben. Eine Verbrennung der ganzen Pflanze kann zu deren Totalverlust führen.

Verkorkung

Verkorkung ist bei vielen Arten altersbedingt. Weitere Auslösefaktoren sind zu hohe Luftfeuchtigkeit, übermäßige Stickstoffgaben und niedere Temperaturen bei gleichzeitiger Nässe zur Wachstumszeit. Auch falsch angewendete Pflanzenschutzsprays rufen der Verkorkung ähnliche Erscheinungsbilder hervor. Bei unschön gewordenen Pflanzen lohnt die Verjüngung durch Stecklinge.

Triebwelke

Triebwelke tritt meist bei *Schlumbergera* auf. Fast immer kann durch Austopfen die Ursache geklärt werden: Wurzelschädlinge, stauende Nässe oder Ballentrockenheit.

Knospenfall

Knospenfall stellt man häufig bei *Schlumbergera* und *Epiphyllum* fest. Ursachen sind Standortwechsel, Wassermangel, zu trockene Luft, Nährstoffmangel oder Überdüngung und Kälteschock. Die Knospen werden oft nicht einfach abgeworfen, sondern sie „bleiben sitzen".

Vorbeugen

Manche Krankheiten werden durch Kulturfehler verursacht. Sie können durch unvorsichtiges Gießen oder zu hohe Stickstoffgaben von heute auf morgen entstehen. Oft spielt mangelnde Abhärtung eine wichtige Rolle. Stets sollte man die Pflanzen auf Krankheitssymptome und Schädlingsbefall hin beobachten und beim geringsten Hinweis umgehend die notwendigen Maßnahmen einleiten. Gefährdete Pflanzen kann man auch vorbeugend behandeln.

Einige Kakteenarten wie dieser Echinopsis schickendantzii *neigen zu Verkorkung. Das hier gezeigte noch im Anfangsstadium befindliche Schadbild überzieht später den Großteil der Pflanze und beeinträchtigt die Photosynthese.*

Biologische Bekämpfungsmittel

Aufgrund eigener Erfahrung kann jede Kakteensammlung auch mit geringem, dafür aber gezieltem Einsatz von biologischen Präparaten weitgehendst schädlingsfrei gehalten werden. Neue Chancen zur Vorbeugung gegen schädliche Einflüsse eröffnen sich durch den Einsatz von Pflanzenstärkungsmitteln.

Einsatz von Nützlingen

Schädlinge an Kakteen können unter bestimmten Voraussetzungen mit Nützlingen bekämpft werden. Bewährt ist der Einsatz bei Unter- oder Hinterglaspflege, da die Temperaturen mindestens 18 °C betragen sollten. Außerdem benötigen nahezu alle Nützlinge eine bestimmte Luft- bzw. Bodenfeuchtigkeit. Sie sterben übrigens ab, wenn ihre Nahrungsgrundlage, das heißt der jeweilige Schädling, vernichtet ist. Somit sind die von manchen Interessenten befürchteten Massenvermehrungen unbegründet. Bezugsmöglichkeiten: Gartenfachhandel oder Versandweg, unter anderem auch Kakteengärtnereien, die sich auf spezielle Bekämpfungsmöglichkeiten orientiert haben. Beispiele für biologische Gegenspieler sind: Schlupfwespe gegen Minierfliege und Weiße Fliege, Florfliege und Räuberische Gallmücke gegen Läuse, Raubmilbe gegen Thripse mit ihren Larven und Spinnmilben, parasitäre Nematoden gegen Dickmaulrüssler und Trauermücken sowie Australische Marienkäfer gegen Woll- und Schmierläuse.

Kakteen aussäen

Einjährige Kakteensämlinge in der Pikierschale

Nicht selten beginnt die Kakteenliebe mit einem Ableger, einem Spross also, der bei guter Pflege innerhalb kürzester Zeit zu einem richtigen Kaktus wird. Doch es gibt noch andere Vermehrungsmethoden.

So die Anzucht aus Samen. Die sorgsam gepflegten Sämlinge wachsen bei günstigen Voraussetzungen zügig heran und werden einige Jahre später der eigenen Sammlung hinzugefügt. Leider stellt sich manchmal auch ein Misserfolg ein. Als mögliche Fehlerquellen kommen in Frage: schlechte Samenqualität, falsche Substratauswahl, zu niedrige oder zu hohe Temperaturen, mangelnde Aussaathygiene, Austrocknung des Substrats und extreme Feuchtigkeitsschwankungen. Ohne Zweifel ist die Aussaat für manchen Neuling nicht einfach. Der Start in die neue Dimension gelingt mit willig keimenden Arten am besten.

Anzucht aus Samen

Nur selten wird man auf eigenes Saatgut zurückgreifen können. Meistens werden die Samen von Kakteengärtnereien oder Samenfachhandlungen bezogen, die gute Keimqualität gewährleisten.

Die Größe der Samen reicht von staubfein (*Parodia*) bis zu 0,5 cm (*Opuntia*), dabei sind sie in Form und Farbe unendlich verschieden.

In fein gesiebter Kakteenerde oder noch besser in mineralischen Substanzen ausgesät, warm und feucht gehalten, keimt der noch unbewehrte Nachwuchs manchmal schon nach wenigen Stunden, so Kakteen der Gattung *Frailea*, aus den Samenhüllen. Das Gros keimt allerdings erst nach Tagen, und manche, wie zum Beispiel Opuntien, benötigen Wochen und Monate bevor sich die ersten Keimblätter zeigen.

Natürlich wird es Jahre dauern, bis aus den noch winzigen Sämlingen erwachsene und damit auch blühfähige Pflanzen geworden sind.

Eine bewährte Aussaatmethode

Viereckköpfe aus Kunststoff mit mineralischem Substrat füllen (unten grobkörnig, oben fein gesiebt) und in eine wasserdichte Schale stellen. Die Samen von einem Stück Papier gleichmäßig aufstreuen und gerade so viel abdecken, dass sie rundum eingebettet sind. Das zum Keimen erforderliche Wasser am Schalenrand zugießen, damit es bei Bedarf aufgesaugt werden kann. Eine Heizplatte sorgt für die erforderliche Temperatur, eine darüber gelegte Glasplatte für die nötige gespannte, also feuchtwarme Luft.

Pikieren – wann und wie?

Zum Pikieren eignet sich jede fein gesiebte Kakteenerde. Bewährt hat sich das „Impfen", ein Beimischen des Substrats, in dem die Sämlinge gekeimt haben. Dadurch beschleunigt sich das Anwachsen erheblich. Die noch zarten Pflänzchen dürfen nicht mit einer Pinzette angefasst werden. Ihnen fehlt noch der Schutz der Harten Epidermis und der Dornen, den ältere Kakteen haben. Jegliches Drücken der Sämlinge schädigt sie und führt zum Verlust. Empfehlenswert ist ein Hölzchen, mit dem man sie von unten anhebt und unter behutsamem Anfassen mit den Fingern in das neue Substrat einsetzt.

Kakteensämlinge wachsen in Gemeinschaft viel besser. Auch wer nur wenige Sämlinge zu pikieren hat, sollte sie besser zu mehreren in einer kleinen Schale unterbringen und nicht in Einzeltöpfen. Der Pflanzabstand richtet sich nach der künftigen Wuchsform: Säulenförmig wachsende Kakteen kann man enger pflanzen als kugelige. Durch das Pflanzen auf Lücke lässt sich die Pikierfläche am besten ausnützen.

Prallsonne ist nachteilig für pikierte Kakteen. Vorteilhaft sind helle Standorte bei 20 bis 25 °C und häufiges Besprühen mit angewärmtem Wasser. Ausgezeichnete Erfahrungen wurden mit dem Auflegen von Vlies gemacht. Im Schutze dieses in Gärtnerkreisen bewährten Materials wurde auffallend schnelles Angewöhnen und Weiterwuchs beobachtet.

Acht Wochen alte Sämlinge in Viereck-Kunststofftöpfen, einer bewährten Aussaatmethode.

Blüten und Früchte zugleich: Mammillaria prolifera, *die vorwiegend durch Sprosse vermehrt wird.*

Stecklingsvermehrung

Am einfachsten lassen sich manche Kakteen durch bereits vorhandene, an der Mutterpflanze nicht selten schon bewurzelte, so genannte Kindel oder Ableger vermehren.

So neigen einige Echinocereen, Echinopsen, Mammillarien und Rebutien zur Bildung von großen Gruppen, die in ihrer Heimat oft hundert und mehr Teile zählen. Solche Triebe lassen sich mühelos abbrechen und sofort einpflanzen. Schon nach kürzester Zeit stellen sie voll lebensfähige Jungpflanzen dar. Die Zahl der auf diese Weise zu vermehrenden Kakteen ist jedoch gering. Andere Arten aus den verschiedensten Gattungen bilden irgendwann Seitensprosse, die sich aber nur mühsam mit Messer, Schere oder Säge von der Elternpflanze abtrennen lassen. Man wird sie fast immer als Stecklinge behandeln müssen. Auch hier gilt: Nach dem Schnitt gut abtrocknen lassen und dann in Kakteenerde einpflanzen. Sie wurzeln rasch an und haben vor allem den Vorteil, dass sie genau gleich sind wie ihre Eltern. Dies ist auch bei Stecklingen der Fall. Überhaupt können viele Kakteen, mangels eines Sprosses oder Samens, nur durch Abschneiden von Triebteilen vermehrt werden. Dazu werden vorjährige, also ausgereifte Triebe mit einem scharfen Messer (mittels eines ziehenden Schnitts – nicht kanten oder quetschen), abgetrennt. Bei allen Stecklingen dabei eine möglichst schmale – nur bei *Epiphyllum* und *Epi-*

Epicactus *'Antique Gown'*

Vermehrung von Weihnachts- und Osterkakteen durch Sprossglieder:

1. *Vorjähriges Triebteil abschneiden.*
2. *Einige Tage abtrocknen lassen*
3. *Einpflanzen, etwa eine Woche nicht gießen, nur sprühen*

Blattkakteen lassen sich problemlos durch Kopf- beziehungsweise Teilstecklinge vermehren.

Sprossvermehrung bei Opuntia. *Abgetrennte „Ohren" werden als Stecklinge behandelt.*

cactus eine breite Stelle –, zum Schnitt auswählen. Danach werden die Triebe in einen Blumentopf gesetzt. An einem hellen, luftigen, trockenen und sonnengeschützten Platz bildet sich bereits nach wenigen Tagen eine derbe Schutzhaut, die das Eindringen von Krankheitskeimen verhindert.

Dann kann in eine trockene, sandighumose Erde eingepflanzt werden. Bodenwärme beschleunigt die Wurzelbildung. Eine spezielle Heizplatte oder ein Platz auf dem Heizkörper sorgen für „warme Füße". Hier lassen sich übrigens auch Kakteen, die durch Kulturfehler ihre Wurzeln verloren haben, erneut einwurzeln uns so retten.

Stecklinge sollten möglichst nur während der Wachstumsperiode geschnitten werden, das heißt von April bis August. Triebstücke, die aus einer Notsituation heraus im Herbst oder Winter geschnitten werden müssen, mit Holzkohle behandeln, „trocken" in einen Blumentopf einstellen und erst im Frühjahr einpflanzen.

Profi Tipp von mein schöner Garten

Die Behandlung der Schnittfläche von Stecklingen mit granulierter Holzkohle, der ein Bewurzelungshormon beigemischt wurde, verhindert Fäulnis und beschleunigt die Wurzelbildung. Häufiges Sprühen oder noch besser das Überstülpen eines Folienbeutels sorgt für schnelle Bewurzelung.

Mammillarien lassen sich durch Warzen vermehren, besonders die langwarzigen Arten wie *Mammilaria longimamma*, *M. plumosa* und *M. schiedeana*, auch *Leuchtenbergia principis*.

Man bricht die Warzen vorsichtig aus der Mutterpflanze heraus, lässt sie zwei bis drei Tage abtrocknen und behandelt sie dann wie Stecklinge. Nach einigen Wochen kommt nahe der Abbruchstelle die bewurzelte Jungpflanze hervor.

Kakteen pfropfen

Pfropfungen sind schon immer viel bewunderte Raritäten einer jeden Kakteensammlung gewesen. Eines jedoch muss man wissen: Meist sind sie nur kurzlebig und damit vorwiegend Notbehelfe, seltene Pflanzen mit empfindlicher, eigener Wurzel am Leben zu erhalten.

Allerdings ist heutzutage das vermehrte Angebot an Pfropfungen meist auf Verkaufsinteressen der Kakteengärtner begründet. Kleine Sämlinge, auf wüchsige Unterlagen gesetzt, können somit viel schneller zu Verkaufspflanzen heranwachsen.

Für chlorophylllose Kakteen, zum Beispiel den „Erdbeerkaktus", einer Form von *Gymnocalycium mihanovichii* var. *friedrichii*, und auch den „Bananenkaktus", einer Form von *Echinopsis* (früher: *Chamaecereus*) *silvestrii*, ist die Pfropfung aber die einzige Chance, am Leben zu bleiben. Sie benötigen eine grüne Unterlage, die für sie assimiliert und ihnen Nähr- und Baustoffe zuführt, damit sie überleben.

Je nach Unterlage, Pfröpfling und den allgemeinen Wachstumsbedingungen entwickeln sich gepfropfte Kakteen drei- bis fünfmal schneller wie wenn sie auf ihren eigenen Wurzeln wachsen würden. Deshalb werden oft bereits Sämlinge gepfropft. Hierfür eignen sich vor allem Arten wie *Pereskiopsis velutina*, *Opuntia ficus-indica*, *Echinopsis*-Kindel und Neutriebe von Epikakteen.

Als Schnittwerkzeug dient hier eine Rasierklinge, die man vor dem ersten Gebrauch sorgfältig mit Alkohol oder Spülmittel entfetten sollte. Bei dünntriebigen Unterlagen ist ein übergestülptes Reagenzglas zum Beschweren ausreichend. Ansonsten können locker gespannte Gummiringe, übergehängte Wollfäden mit beschwerten Enden oder Ähnliches den Pfröpfling leicht andrücken und das Anwachsen so ermöglichen. Weitere Techniken sind die Spaltpfropfung und das Anplatten, mit denen vor allem dünntriebige Kakteen aufgesetzt werden.

KAKTEEN PFROPFEN

1

1. *Die zukünftige Unterlage wird im Bereich des Neutriebs glatt abgeschnitten und die Flächen sauber abgekantet.*

2

2. *Den Pröpfling nach Abschneiden und Abkanten so aufsetzen, dass die Leitbündelringe aufeinanderliegen.*

3

3. *Die Unterlage und den Pröpfling mit Gummibändern vorsichtig aneinander pressen, damit die Leitbündel zusammenwachsen.*

Porträts

Hinweise zu den Pflegegruppen

Wenn auch die Mehrzahl der Kakteen nach einem vereinfachten Schema im Sommer warm und feucht und im Winter kühl und trocken gepflegt werden kann, ist letztlich doch eine individuelle, auf die jeweilige Gattung beziehungsweise Art abgestimmte Pflege der Schlüssel zu einer erfolgreichen Kultur.
Der Autor hat in seiner über fünfzigjährigen Kakteenpraxis mannigfaltige Erfahrungen gesammelt, die vor allem in der Ganzjahrespflege ihren Niederschlag finden. Empfehlungen für das richtige Substrat, die optimalen Temperaturen wie auch den pH-Wert ergänzen die Angaben. Zur Vereinfachung wurden die Arten in so genannte Pflegegruppen von A bis G eingeteilt. Am Ende eines jeden Pflanzenporträts ist diese Gruppe genannt.

Cleistocactus candelilla

Pflegegruppe B

Heimatgebiet: Küste bis Gebirge. **Standort:** Fensterbrett, Frühbeet, im Sommer draußen. **Kultur Sommer:** halb- bis vollsonnig, ausreichend Feuchtigkeit und Wärme, viel frische Luft. **Kultur Winter:** hell, 10 bis 16 °C, trockene Luft. **Substrat:** Einheitserde, pH-Wert 5 bis 6.

Opuntia phaeacantha

Epiphyllum oxypetalum

Pflegegruppe A

Heimatgebiet: gemäßigtes Klima. **Standort:** im Freien, Rabatte am Haus, Steingarten, Tröge. **Kultur Sommer:** Vollsonnig, sofern regengeschützt, bei Trockenheit gießen. **Kultur Winter:** Kälteverträglichkeit bis –25 °C und mehr, nachteilig sind Kahlfröste nach nasser Wärmeperiode. **Substrat:** Kies : Lehm : Gartenerde im Verhältnis 1 : 1 : 1, pH-Wert 4,5 bis 6.

Pflegegruppe C

Heimatgebiet: tropische Wälder. **Standort:** Blumenfenster, Wintergarten, Gewächshaus. **Kultur Sommer:** eventuell feuchtwarmer Platz im Schatten oder Halbschatten im Freien. **Kultur Winter:** bei Zimmertemperatur, nicht unter 10 °C, hell, wintersonnig, mäßig feucht. **Substrat:** nahrhafte Humuserde, pH-Wert 4 bis 5,5; für Hydrokultur geeignet.

Ferocactus glaucescens

Pflegegruppe D

Heimatgebiet: sehr warme Steppen. **Standort:** Frühbeet, Gewächshaus. **Kultur Sommer:** vollsonnig und sehr warm, etwas nässeempfindlich. **Kultur Winter:** hell, über 8 °C, trocken. **Substrat:** lehmig, kiesig, pH-Wert 5 bis 6.

Echinopsis formosa

Pflegegruppe E

Heimatgebiet: Steppe und Gebirge. **Standort:** Fensterbrett, Frühbeet, Gewächshaus. **Kultur Sommer:** sonniger, freier Stand, auch im Garten; kaum nässeempfindlich. **Kultur Winter:** bis 0 °C, teilweise frosthart; trocken. **Substrat:** lehmig-kiesig mit geringem Humusanteil (Lehm : Kies : Gartenerde im Verhältnis 2 : 2 : 1).

Parodia uebelmanniana

Pflegegruppe F

Heimatgebiet: hochliegende Steppen und Gebirge. **Standort:** Frühbeet, luftiges Gewächshaus. **Kultur Sommer:** sonnig, möglichst ohne Glasabdeckung. **Kultur Winter:** hell, 4 bis 12 °C, fast trocken. **Substrat:** sandig-mineralisch mit Humusanteil (Lehm : Sand : Gartenerde im Verhältnis 1 : 1 : 1), pH-Wert 5 bis 6,5.

Rebutia heliosa

Pflegegruppe G

Heimatgebiet: Gebirge, Hochgebirge. **Standort:** Fensterbrett, Frühbeet, Gewächshaus. **Kultur Sommer:** sonniger, freier Stand, robust; nur selten nässeempfindlich. **Kultur Winter:** sonnig, 2 bis 12 °C, luftig, trocken. **Substrat:** sandig-lehmig, teilweise etwas Humusanteil, pH-Wert 4,5 bis 6.

Ariocarpus fissuratus var. lloydii

Aussehen: Körper flachkugelig, einzeln, manchmal im Alter sprossend, bis 15 cm Durchmesser, blau bis graugrün. Scheitel eingesenkt mit weißer Wolle. Rübenwurzel. Warzen rhombisch, dickfleischig, mit anfangs stark weißwolliger Furche. **Blüte:** glockig, bis 5 cm groß, rosa. Herbstblüher. **Besonderheiten:** urweltlich aussehende, nässeempfindliche Varietät von *A. fissuratus*. In den USA werden Ariocarpen „living rocks" („lebende Steine") genannt. Gepfropfte Exemplare verlieren an Schönheit. Nur für Fortgeschrittene. **Heimat:** Mexiko, auf Kalksteinhügeln.

Pflegegruppe: D

Astrophytum ornatum

Aussehen: einzeln wachsend, kugelig, im Alter bis 1 m hoch, etwa 30 cm Durchmesser. Körper dunkelgrün mit weißen bis gelben Wollflöckchen. Kräftige, bernsteingelbe Dornen. **Blüte:** gelb, mehrere Tage öffnend, duftend. **Besonderheiten:** beliebter Kaktus mit ansprechender Körperform. Bei ausreichender Wärme im Sommer pflegeleicht, benötigt jedoch kalkhaltige Erde (pH-Wert 8). Vermehrung durch relativ große Samen. **Heimat:** Zentrales Ost-Mexiko, vorwiegend auf Kalkgestein.

Pflegegruppe: E

Besonderes und weitere Arten

Etwa sechs Arten, unter anderen *Ariocarpus retusus*, abgeflachter Körper mit graugrünen Mamillen, rosa blühend. Ähnlich im Aussehen ist *A. trigonus*, allerdings mit gelben Blüten. Beide Arten werden im Alter bis 25 cm groß.

Sechs Arten, am bekanntesten sind: *Astrophytum asterias*, der „Seeigelkaktus". Bis 7 cm lange Dornen hat *A. capricorne*. Beliebt ist die „Bischofsmütze" *A. myriostigma*, meist mit fünf Rippen, dornenlos. Zahlreiche Hybriden erschweren die Zuordnung.

Carnegia gigantea

Aussehen: Wuchs baumartig, nach oben verjüngend. Bis 16 m hoch und bis 65 cm Durchmesser. Verzweigung ab 3 m Höhe. Dunkelgrüner Körper mit 12 bis 30 Rippen. Dornen grau und braun, 1 bis 2 cm lang, 7 cm lange Mitteldornen. **Blüten:** 12 cm lang und breit, weiß, glockig-trichterförmig, am Ende der Triebe, von den frühen Morgenstunden bis zum späten Abend geöffnet. **Besonderheiten:** Frucht eiförmig, grün-rot, oft bedornt mit aufsitzendem Blütenrest, bei Reife aufklappend. Die schwarzen Samen keimen nicht unter 21 °C. **Heimat:** Mexiko, USA.

Pflegegruppe: D

Cephalocereus senilis

Aussehen: als Jungpflanze kugelig, später dicksäulig nur selten mit Seitensprossen, hellgrün, später grau, bis 15 m hoch, dann 30 cm Durchmesser. 20 bis 30 Rippen. Dornen kräftig, 2 bis 4 cm lang, gelblich oder grau, weißgraue Borstenhaare im Alter bis 30 cm lang. Erst bei 6 bis 8 m Höhe bildet sich eine dichte, braunrote Haar- beziehungsweise Wollzone (Cephalium), aus der die Knospen kommen. **Blüte:** glockig, 5 cm lang, 7,5 cm Durchmesser, hellgelb bis rosa, aus dem Cephalium, unangenehm riechend. **Besonderheiten:** Nachtblüher. Frucht und Fruchtfleisch rot. **Heimat:** Zentral-Mexiko.

Pflegegruppe: D

So faszinierend der „Saguaro" wegen seiner kaum vorstellbaren Größe auch sein mag, man findet ihn nur selten in den Sammlungen. Die Blüte ist Wappenblume im US-Staat Arizona.

Drei Arten. Das vorgenannte „Greisenhaupt" und alle weiteren Arten der Gattung *Cephalocereus* sind Wärme liebend und werden oft gepfropft angeboten.

Cereus uruguayanus

(syn. *C. peruvianus*)

Aussehen: säulenförmig, buschig verzweigend, bis 8 m hoch. Triebe zuerst hellgrün, später blaugrün mit 5 bis 8 Rippen und 2 cm lange Mitteldornen. **Blüte:** trichterförmig bis 16 cm lang und 20 cm Durchmesser, weiß bis rötlich, nur eine Nacht öffnend. **Besonderheiten:** dieser bereits im Jahre 1576 erstmals genannte Säulenkaktus ist nur als Jungpflanzen pflegbar, er wird in wenigen Jahren für bescheidene Sammlungen zu groß. Interessant ist die als „Felsenkaktus" bekannte forma *monstrosa*. **Heimat:** Südost-Brasilien bis Nord-Argentinien.

Pflegegruppe: E

Cleistocactus strausii

Aussehen: schlank säulenförmig, später am Grunde verzweigend, frischgrün, bis 3 m hoch, etwa 8 cm Durchmesser, in Scheitelnähe etwas verjüngt, Scheitel dicht weißborstig. Rippen bis 30, Areolen mit kurzem, schneeweißem Wollfilz. Über 40 Randdornen, haarfein und biegsam (Borsten!), bis 17 mm lang, weiß, etwa 4 Mitteldornen, bis 2 cm lang, hellgelb. **Blüte:** zeitig im Jahr, röhrenförmig (zygomorph), meist aus jungen Areolen, 8 bis 9 cm lang, dunkelkarminrot mit brauner Behaarung. **Besonderheiten:** weinrote, birnenförmige, wollige Früchte. Schwarze Samen. **Heimat:** Argentinien, Bolivien.

Pflegegruppe: B

Besonderes und weitere Arten

Etwa 25 Arten, unter anderem *Cereus chalybaeus*, blau bereift, trichterförmige, weiße Blüten bereits ab 50 cm Höhe. Besonders wüchsig sind *C. jamacaru*, das älteste Exemplar in Europa steht vor dem Casino in Monte Carlo. *C. validus* hat becherförmige Blüten.

Dekorativer Säulenkaktus, der im Volksmund „Silberkerzen-Kaktus" genannt wird.

Tipp: Die unter bescheidenen Verhältnissen zu hoch gewachsenen Exemplare lassen sich problemlos durch so genannte Kopfstecklinge verjüngen.

Cleistocactus winteri

(syn. *C. aureispina*)

Aussehen: stark verzweigte, hängende Pflanze mit 2,5 cm dicken Trieben, grün, bis zu 1,5 m lang. Rippen 16 bis 17, leicht gebuchtet. Areolen mit etwa 50 biegsame Dornen, goldgelb, bis 1 cm lang, bei blühfähigen Trieben etwas länger. **Blüte:** äußere Blütenhüllblätter orangegelb mit zinnober- bis blutrotem Mittelstreifen, innere kürzer, weiß bis hellrosa. Die Blüten halten mehrere Tage und sind auch nachts geöffnet. Dauerblüher. **Besonderheiten:** empfehlenswerter Ampelkaktus, der erst 1958 entdeckt wurde. Geeignet für Hydrokultur. **Heimat:** Bolivien.

Pflegegruppe: B

Über 50 Arten, darunter *Cleistocactus baumannii*, *C. candelilla* und *C. smaragdiflorus*; blühen bereits ab 30 bis 50 cm Höhe. *C. tupizensis* hat fuchsrote Dornen.

Tipp: Erde im Winter nicht austrocknen lassen. Erfolgreiche Kultur auch bei Zimmertemperatur möglich.

Copiapoa cinerea

Aussehen: anfangs kugelig, später säulenförmig, Körper bis über 10 cm Durchmesser, kreidigweiß bereift. Je nach Alter 14 bis 30 Rippen. Schopf weißgrau. 1 bis 7 schwarze Randdornen, dick, bis 2 cm lang. Mitteldorn 3,5 cm lang. **Blüte:** kurzröhrig, 3,5 cm lang und Durchmesser, gelb, außen rötlich, Griffel cremefarben, rosa getönt. Schwarze Samen. **Besonderheiten:** langsam wachsende, attraktive Art aus trockenheißen Wüstengebieten. Zum Erhalt der Bereifung sollte möglichst von unten bewässert werden. Für Kakteenneulinge nicht empfehlenswert. **Heimat:** Chile.

Pflegegruppe: D

Etwa 23 Arten, unter anderen *Copiapoa alticostata*, durch Sprossung polsterbildend. Duftende Blüten besitzen *C. calderana* und *C. montana*, *C. grandiflora* und *C. haseltoniana* (Blütendurchmesser bis 7 cm). *C. tenuissima* hat kurze, dünnadelige Dornen.

Coryphantha andreae

Aussehen: flachrunde, glänzende und tiefgrüne Körper, im Alter 9 cm Durchmesser. Warzen 2,5 cm breit, 2 cm hoch. Scheitel und Axillen stark weißwollig. Etwa 10 Randdornen, bis 1,5 cm lang, derb, mattgelb mit braunen Spitzen. 5 bis 7 Mitteldornen 2,5 cm lang, stark gebogen, einer abwärts gerichtet, ebenfalls mattgelb. **Blüte:** 5 bis 6 cm breit, hellgelb. Tagblüher. **Besonderheiten:** beliebte Art, da sie bereits als Jungpflanze willig blüht. Bei Vermehrung durch Samen sind erste Blüten ab dem 5. Jahr zu erwarten. **Heimat:** Mexiko in 2.300 m Höhe.

Pflegegruppe: E

Coryphantha palmeri

Aussehen: hellgrüne, 6 bis 8 cm große Kugeln mit dichten Warzen in 13 Spiralen und dichter Wolle vor allem bei Jungpflanzen. Etwa 14 dünne Randdornen, nach allen Seiten strahlend, gelblich mit schwarzen Spitzen, 1 brauner Mitteldorn, hakenförmig, kräftig, bis 2 cm lang. **Blüte:** 3 bis 4 cm lang, hellgelb. Zylindrische, grüne Früchte mit braunen Samen. **Besonderheiten:** Samen von *C. palmeri* und nahezu allen Arten der Gattung keimen am besten bei 19 bis 24 °C. **Heimat:** Mexiko.

Pflegegruppe E

Besonderes und weitere Arten

Im Frühjahr etwas spät erwachende Kakteen, die ab Juni bis in den September hinein blühen. Sollten in keiner Sammlung fehlen. Möglichst regengeschützt aufstellen und von unten gießen, dadurch bleibt die attraktive Scheitelwolle erhalten.

Rund 70 Arten, zum Beispiel *Coryphantha clava* und *C. erecta*, säulenförmig wachsend. *C. elephantidens* hat tiefrosa, rotschlundige Blüten. *C. gladiispina* mit kräftigem Mitteldorn. *C. radians* besitzt nur Randornen, *C. recurvata* bildet vielköpfige Polster.

Coryphantha schwarziana

Aussehen: länglich eiförmiger Körper, bis 8 cm hoch. Warzen kurzkegelig, unten 0,8 cm dick. Axillen schwach wollig, Areolen oval. Etwa 20 Randdornen, fast weiß, bis 1 cm lang, Ohne oder 1 Mitteldorn etwas länger, gelblich, dunkel gespitzt. **Blüte:** gelb. **Heimat:** Mexiko

Pflegegruppe E

Disocactus flagelliformis

(syn. *Aporocactus flagelliformis*)

Aussehen: stark verzweigt, fingerdick, erst aufrecht wachsend, dann hängend, bis 1 m lang, schlaff, 2 cm Durchmesser, zur Spitze hin verjüngt. 8 bis 13 Rippen, kaum 6 mm hoch, stumpf, fast in Höcker aufgelöst. Areolen in 3 bis 7 mm Abstand. Wollfilz spärlich, weiß, bald vergrauend. 15 bis 20 Randdornen, dünn, brüchig, rotbraun, 3 bis 4 mm lang, 3 bis 4 Mitteldornen, etwas länger, gelbe Spitzen. **Blüte:** länglich-trichterförmig, leicht zygomorph, 8 cm lang. **Heimat:** Mexiko, vorwiegend auf Felsen und von Bäumen hängend.

Pflegegruppe: B

Disocactus phyllanthoides

(syn. *Nopalxochia phyllanthoides*)

Aussehen: halbaufrechter Kaktus mit riemenförmigen, am Ende spitz zulaufenden, gebuchteten, hell- bis dunkelgrünen Trieben. Sichtbare Mittel- und Seitennerven. **Blüte:** glockig, trichterförmig, bis 10 cm lang, 4 bis 6 cm Durchmesser, rosa mit fast weißer Mitte. **Besonderheiten:** karminrote Frucht, bei Reife duftend. Als „Aztekenkaktus", „Schusterkaktus" oder „Deutsche Kaiserin" bekannt, ist diese Pflanze mit ihren zahlreichen Hybriden alljährlich ein Blütenwunder. **Heimat:** Mexiko.

Pflegegruppe: B

Besonderheiten und weitere Arten

Zehn Arten wie zum Beispiel *Disocactus flagriformis*, dunkelrot blühend. Purpurrosa blüht *D. nelsonii*. Zahlreiche Hybriden.
Der „Schlangen- oder Peitschenkaktus" ist nach kühlem und hellem Winterstand überaus reich blühend.

Tipp: Steht im Sommer am liebsten im Freien und muss nach dunklem Winterstandort sorgfältig angewöhnt werden. Alte Exemplare sollten durch Entfernen verholzter Triebe nach der Blüte verjüngt werden. Vermehrung durch Blattstecklinge.

Echinocactus albatus

(syn. *Echinofossulocactus albatus*)

Aussehen: Kugelförmiger, blaugrüner Körper mit ca. 35 Rippen. 14 Dornen, borstenartig, bis 1,3 cm lang, davon 4 Mitteldornen, kräftiger, dunkler gefärbt, der oberste meist der längste, bis 5 cm lang, die übrigen mehr stielrund, gelblich. **Blüte:** 2 cm lang, aus dem Scheitel, weiß. **Besonderheiten:** diese Art wie auch weitere Vertreter der früheren Gattung *Echinofossulocactus* sind ebenso variabel wie anspruchslos und deshalb für Anfänger unter den Kakteenfreunden bestens geeignet. **Heimat:** Mexiko.

Pflegegruppe: D

Echinocactus grusonii

Aussehen: großer Kugelkaktus, im Alter säulenförmig, über einen Meter hoch, selten sprossend, 80 cm Durchmesser, laubgrün. Dichtes Dornenkleid, 30 und mehr Rippen. **Blüte:** 4 bis 6 cm lang, 5 cm Durchmesser, gelb, aus dem Wollfilz des Scheitels. Relativ spät, bei Unterglaskultur frühestens nach 25 Jahren blühend. **Besonderheiten:** Der „Goldkugelkaktus“ oder „Schwiegermuttersessel“ ist äußerst dekorativ, zeigt jedoch bei fehlender Wärme und Sonne im Sommer nur unbefriedigtes Wachstum. **Heimat:** Mexiko.

Pflegegruppe: D

Gemeinsames Merkmal der kleinwüchsigen „Lamellenkakteen“ sind dünne, gewellte Rippen und der häufig papierartig abgeflachte Mitteldorn. Die Blüten erscheinen nicht selten im Spätwinter. Zahlreiche Hybriden.

Etwa 15 Arten, dazu zählen *Echinocactus horizonthalonius* und *E. platyacanthus* mit braunen Dornen, letzterer im Alter mit bis zu 60 Rippen. Faszinierende Blüten bringt *E. texensis*. Interessant sind auch die weiß bedornte wie die dornenlose Form von *E. grusonii*.

Echinocereus berlandieri

Aussehen: verzweigt, niederliegend mit aufstrebenden Ästen. Triebe hell- bis dunkelgrün, etwa 2 cm Durchmesser, stark sprossend. 5 bis 6 Rippen, spiralig. Areolen mit kurzem, weißem Wollfilz, später verkahlend. 6 bis 8 Randdornen, borstenförmig, steif, dünn, weiß, durchscheinend bis 1 cm lang. Mitteldornen einzeln, gelbbraun, an den Triebspitzen bis 2 cm lang, unten kürzer. **Blüte:** breit-trichterförmig, aus den seitlichen Areolen sprießend, bis 10 cm Durchmesser, leuchtend karminrosa. Frucht eiförmig, grün. **Besonderheiten:** größere Exemplare wachsen am besten in flache Schalen ausgepflanzt. **Heimat:** USA, Mexiko.

Pflegegruppe: E

Echinocereus salm-dyckianus

Aussehen: seitlich sprossend, mit den Jahren große Gruppen bildend. Triebe 2 bis 3 cm dick, 7 bis 9 wenig gehöckerte Rippen. Randstacheln 8 bis 9, gelblich mit roter Spitze, bis 1 cm lang. 1 Mittelstachel, hell hornfarben bis rot, 1,5 cm lang. **Blüte:** leuchtend orange, 10 bis 12 cm lang und 5 bis 8 cm breit. Die Blüten halten 8 bis 10 Tage. **Besonderheiten:** bekannte und anspruchslose Art, die bereits im Jahre 1857 beschrieben wurde. **Heimat:** Mexiko

Pflegegruppe: E

BESONDERHEITEN

Besonderheiten: Echinocereen werden in zwei Gruppen unterteilt: mehr einzeln wachsende, dicht bedornte und dann gruppenbildende, locker bedornte grüne Arten. Erstere benötigen wenig Platz und blühen im allgemeinen willig.

Tipp: Alle Echinocereen im Frühjahr erst gießen, wenn die Knospen etwa 1 cm lang geworden sind, da sie sonst „sitzenbleiben". Für gruppenbildende Arten lohnt die Kultur in flachen Schalen.

Echinocereus subinermis

Aussehen: Triebe zuerst kugelig, später länglich, bis 20 cm hoch wachsend, im Alter dunkelgrün, selten sprossend, 7 bis 9 cm dick, mit 5 bis 9 Rippen. Anfangs 3 bis 8 Randdornen und 1 Mitteldorn, gelblich, bis 0,5 cm lang, später nur 3 bis 4 kaum über 0,1 cm lange Dornen oder keine. **Blüte:** breit ausladend, trichterförmig, gelb, etwa 8 cm lang und breit. **Besonderheiten:** *E. subinermis* ist einer der wenigen gelb blühenden Arten dieser beliebten Kakteengattung. **Heimat:** Nord-, Nordwest- und Zentral-Mexiko.

Pflegegruppe: D

Echinocereus stramineus

Aussehen: stark gruppenbildend, am Heimatstandort bis 4 m² große Polster. Triebe frischgrün, bis 25 cm lang und 3 bis 5 cm Durchmesser. 13 Rippen unter auffallend dichter Bedornung. Dornen anfangs bräunlich bis rosenrot, dann strohfarben, später weiß, 7 bis 14 Randdornen, bis 3 cm lang spreizend, 3 bis 4 Mitteldornen 5 bis 9 cm lang. **Blüte:** breit trichterförmig, 8 bis 12 cm lang, purpurn. Früchte kugelig, rot. **Besonderheiten:** dekorative Art, die allerdings nur bei hohen Sommertemperaturen zur Blüte kommt. **Heimat:** USA, Mexiko.

Pflegegruppe: E

Echinocereen erfreuen mit vorwiegend lange haltbare Tagblüten und fast immer in kräftigen Farben. Die angenehm duftenden, allerdings bedornten Früchte einiger Arten werden in den Heimatländern zu Konfitüre verarbeitet.

Über 60 teilweise frostharte Arten, wie *Echinocereus blanckii* mit violettroten Blüten. Umhüllt von bis 10 cm langen, weißen Haaren ist *E. delaetii*. Dichte Dornenkleider tragen *E. dasyacanthus*, *E. fitchii*, *E. pectinatus* und *E. viridiflorus*.

Echinopsis-Hybriden

Aussehen: anfangs kugelige, später säulige Kakteen, die fast alle willig sprossen. **Blüte:** bis zu 20 cm lange Trichterblüten in allen Kakteenblütenfarben, teilweise abends öffnend und duftend. **Besonderheiten:** noch vor 50 Jahren waren vorwiegend weiß und rosa blühende *Echinopsis*-Hybriden bekannt. Heute dominieren die bunt blühenden Sorten, die vorwiegend Erbmasse der früheren Gattungen *Lobivia*, *Helianthocereus*, *Pseudolobivia* und *Trichocereus* beinhalten. Diese, dazu noch u. a. *Acanthocalycium*, *Chamaecereus* und *Soehrensia* bilden die heutige Gattung *Echinopsis*. **Heimat:** Argentinien, Bolivien, Brasilien, Chile, Peru, Uruguay.

Pflegegruppe E

Epicactus 'Jenniver Ann'

Aussehen: aufrechter, später hängender Kaktus, kaum bedornt mit blattähnlichen, gekerbten Trieben. **Blüte:** gelb mit gelblichweißem Schlund, etwa 15 cm groß, 3 bis 4 Tage geöffnet. **Besonderheiten:** die vorgenannte Hybride zählt zu den weit über 10.000 erfassten Sorten, die landläufig als *Phyllocactus*, jedoch auch als *Epiphyllum*-, *Nopalxochia*-Hybriden oder besser als *Epicactus* bezeichnet werden. **Herkunft:** hinter dem Begriff Epikakteen verbergen sich vorwiegend epiphytisch wachsende Arten, die durch Kreuzung miteinander eine Vielzahl von blütenschönen Blattkakteen entstehen ließen.

Pflegegruppe: C

Weitere Arten und Besonderes

Über 300 Arten, darunter die früheren Gattungen *Acanthocalycium* und *Lobivia*: Pflegegruppe G; *Chamaecereus*, *Echinopsis*, *Helianthocereus*, *Pseudolobivia*, *Soehrensia* und *Trichocereus*: Pflegegruppe E.

Schöne Arten der Gattung *Epiphyllum*: *E. anguliger*, der „Sägeblattkaktus“, mit gelb-weißer Tagblüte. Betörend duften die bis 20 cm großen Blüten von E. crenatum. Weiße, nächtliche Blüten bis 30 cm Länge bringt *E. phyllanthus*. *E. pumilum* blüht cremeweiß.

Epithelantha micromeris var. *pachyrhiza*

Aussehen: einzeln oder durch Sprossung rasenförmig, graugrüner Körper mit dickfleischiger Wurzel, breitrund bis kugelig, bis 4 cm Durchmesser, von weißen Dornen völlig eingehüllt. Warzen klein, kaum 1 mm hoch, dicht spiralig angeordnet, mit bis 20 weißen, 2 mm langen Dornen. **Blüte:** kleine Trichterblüten von Weiß über Blassorange bis rosafarben aus dem Scheitel, 6 mm breit, aus jüngsten Areolen im Scheitel. **Besonderheiten:** Früchte nackt, leuchtend rot, keulenförmig. Sie zieren wochenlang die Pflanze. **Heimat:** Mexiko, USA.

Pflegegruppe: D

Es gibt nur eine Art mit zahlreichen Varietäten. **Besonderheiten:** langsam wachsender Kaktus, der nur für Fortgeschrittene geeignet ist. Kultur unter Glas bei vollsonnigem Standort. Wird oft gepfropft angeboten.
Tipp: dem Substrat etwas Gips zugeben.

Escobaria missouriensis

(syn. *Neobesseya missouriensis*)

Aussehen: einzeln bis kleine Polster, bis 6 cm hoch und 8 cm Durchmesser. Warzen 1 bis 1,5 cm lang. Areolen wollig. 9 bis 20 Randdornen. Ein Mitteldorn, oft fehlend, alle feinhaarig nadelig, grau, braun gespitzt. **Blüte:** grünlichgelb bis rosa, etwa 2 cm lang und bis 5 cm breit. Äußere Blütenblätter am Rande gewimpert. Kugelige Früchte, hellrot. Samen schwarz. **Besonderheit:** auf Grund ihres Verbreitungsgebietes im Norden Amerikas kann die Art bei trockenem Winterstandort etliche Minusgrade ertragen. **Heimat:** USA, Kanada.

Pflegegruppe: E

Etwa 17 Arten, zum Beispiel *Escobaria asperispina*, glockige, weißgelbe Blüten im Sommer. Große Polster bildet *E. sneedii*, rosa bis magentarot blühend. Erstaunlich frosthart ist *E. vivipara*, weißwollig, dichte Bedornung, Blüten meist purpurrosa.

Espostoa ritteri

Aussehen: baumförmig, verzweigt, bis 4 m hoch. Triebe im Alter 7 cm breit, dunkelgrün. 18 bis 22 Rippen. Areolen weiß. Haare 2 bis 3 cm lang, dünn, teils abstehend, weiß. Etwa 25 Randdornen, dünn, rotbräunlich, gelblich oder weiß. Ein Mitteldorn, bis 2 cm lang, rotbraun, später fast schwarz. Cephalium nahe dem Scheitel, dicht pelzartig. **Blüte:** bis 8 cm lang, weiß bis purpurn. **Besonderheiten:** Kakteen der Gattung *Espostoa* sollte man bei kühlem Wetter vorsichtig gießen und der schönen Behaarung wegen nicht überbrausen. **Heimat:** Nord-Peru.

Pflegegruppe: D

Eulychnia ritteri

Aussehen: säulenförmig, bald verzweigend, im Alter baumförmig, graugrün, bis 3 m hoch, 6 bis 8 cm Durchmesser. Rippen: 13 bis 20, Areolen mit grauweißem, zottigem Filz. Bis 12 Randdornen, dünn, 1 bis 2 cm lang, bräunlich, 1 bis 4 Mitteldornen, steif, abstehend, die längsten meist abwärts gerichtet, 3 bis 6 cm lang, schwarz. **Blüte:** rosa, 1,5 cm Durchmesser, glockig bis tassenförmig. **Besonderheiten:** sehr schön bereits als Jungpflanze. Benötigt im Sommer Trockenheit, erst im Herbst reichlich gießen. **Heimat:** Peru.

Pflegegruppe: B

Weitere Arten und Besonderes

10 Arten, darunter *Espostoa lanata*, ganz von weißer Wolle bedeckt. Ähnlich ist *E. melanostele* mit bis zu 5 cm langen, gelben Dornen. *E. senilis* blüht purpurn. Besonderheiten: Die „Peruanischen Greisenhäupter“ sind auch für kleine Sammlungen empfehlenswert.

Etwa 10 Arten, zum Beispiel *Eulychnia acida* mit bis 20 cm langen Dornen. Niederliegende Triebe hat *E. procumbens*. Dichter Filz schmückt die große Gruppen bildende *E. saint-pieana*. *E. spinibarbis* imponiert mit bis 15 cm langen Dornen und weißen oder rosa Blüten.

Ferocactus stainesii

Aussehen: kugelig, im Alter dicksäulig und sprossend, bis zu 3 m hoch, 60 cm Durchmesser, glänzend grün. Etwa 18 scharfkantige Rippen, Areolen braunfilzig, ineinander übergehend, schwache, oft fehlende Haarbildung. 5 oder mehr Randdornen, gelblich, hellbraun bis rötlich, 4 Mitteldornen, kreuzförmig angeordnet. Gelbe Knospen in engem Kranz. **Blüte:** glockenförmig, 4 cm lang und breit, orange. **Besonderheiten:** mit den Jahren großkugelige Pflanze, die nur an Pflegeplätzen mit viel Sonne und Wärme ideale Wachstumsbedingungen findet. **Heimat:** Mexiko, USA.

Pflegegruppe: D

Etwa 30 Arten, darunter *Ferocactus chrysacanthus* und *F. cylindricaeus* („Teufels-Nadelkissen"), variable Arten mit farbenprächtiger Bedornung. *F. glaucescens* bringt gelbe Blüten. Am bekanntesten ist *F. latispinus*, der „Teufelszungenkaktus", mit einem breiten, nach unten gebogenen Mitteldorn. *F. wislizenii*, ist prächtig bedornt und blüht in gelb bis purpurrot.

Tipp: alle Ferokakteen benötigen für gutes Wachstum relativ hohe Sommertemperaturen, die in Mitteleuropa nur bei Unterglaspflege erreicht werden können.

Gymnocalycium mihanovichii var. friedrichii f. rubra

Aussehen: die rote Mutation der Varietät *friedrichii*, der „Erdbeerkaktus", entstand im Jahre 1941 bei der Aussaat von 10.000 Samen in der Kakteengärtnerei des Japaners *E. Watanabe*. Da sie chlorophylllos ist, musste sie sofort gepfropft werden, bildete danach reichlich Sprossen und begann ihren Siegeszug um die Welt. 1970 ist auch eine leuchtend gelbe Mutation entstanden. Zwischenzeitlich kamen noch weitere Farbspielarten hinzu. **Besonderheiten:** die „Höckerkakteen" sind fast alle pflegeleicht und dankbare Blüher. **Heimat:** Argentinien, Bolivien, Paraguay, Uruguay.

Pflegegruppe: E

Harrisia jusbertii

(syn. *Ericereus jusbertii*)

Aussehen: schlanke, aufrechte oder abgespreizte, zuweilen hängende Triebe, 4 bis 6 cm breit, mit 5 bis 6 rundlichen Rippen, tief dunkelgrün. Areolen erst gelb, dann grau, 7 Randdornen, 0,4 cm lang, kegelig, die oberen am längsten. Ein Mitteldorn, oder auch bis 4 über Kreuz, kräftig, rot, später braun bis schwärzlich. **Blüte:** 18 cm lang und bis 20 cm Durchmesser, weiß, außen bräunlichgrün. Nachtblüher. Früchte bis 6 cm groß, rot. **Besonderheit:** bewährte Pfropfunterlage. **Heimat:** Venezuela.

Pflegegruppe: B

Weitere Arten und Besonderes

Rund 100 Arten, darunter *Gymnocalycium andreae* mit gelber Blüte. Empfehlenswert sind auch *G. baldianum*, *G. bruchii*, *G. denudatum* und *G. mostii*. Bis 30 cm hoch wächst. *G. multiflorum*. Willig blüht. *G. quehlianum*. *G. saglionis* ist auffallend bedornt.

Etwa 20 Arten wie *Harrisia bonplandii* mit weiß oder rosa getönten Dornen auf grauen Areolen, weiße Blüten. Baumförmig wächst *H. gracilis*, Blüten weiß, 20 cm lang. Ebenfalls weiß blüht *H. martinii*, mit bis über 2 m langen, rankenden oder anlehnenden Triebe.

Hatiora gaertneri

(syn. *Rhipsalidopsis gaertneri*)

Aussehen: reich verzweigter, hängender, epiphytisch wachsender Kaktus. Die Triebe bestehen aus flachen, länglichen oder elliptischen, flach gebuchteten, mittelgrünen Sprossabschnitten, später verholzend. Jeder Abschnitt besitzt 3 bis 5 Mammillen mit Areolen an beiden Seiten, die 1 oder 2 gelbbraune Borsten tragen. **Blüte:** teilweise zu mehreren aus einer Areole, scharlachrot, 4 bis 8 cm lang und 4 cm Durchmesser.

Besonderheiten: der „Osterkaktus" ist und bleibt einer der anspruchslosesten Kakteen überhaupt und ein dankbarer Blüher im Frühling. Er sollte in keiner Sammlung fehlen. Alte Exemplare können problemlos durch die Bewurzelung zweijähriger Sprossabschnitte verjüngt werden. **Heimat:** Brasilien.

Pflegegruppe: C

Etwa 6 weitere Arten, darunter *Hatiora epiphylloides*, hängend mit gelben, trichterförmigen Blüten; *H. rosea*, anfangs aufrecht, später hängend, kleingliedrig, Blüten rosa. *H. salicornioides*, bis 1 m lange, hängende Triebe, 1 cm große, gelbe Blüten aus den jüngsten Sprossabschnitten.

Besonderheiten: wüchsige und reichblühende Ampelkakteen für Zimmer, Gewächshaus und Wintergarten. Alle Arten können gut mit grauen Tillandsien auf Epiphytenästen gehalten werden. Sommerplatz: luftig, zum Beispiel im Baumschatten hängend.

Vermehrung: Samen oder Stecklinge.

Heliocereus speciosus

Aussehen: Wuchs buschig, aufrecht, kletternd, hängend oder anlehnend, auch epiphytisch, bis über 1 m lang, drei- bis fünfrippige Triebe, etwas gehöckert. Dunkelgrün. Dornen gelb, 1,5 cm lang. **Blüte:** trichterförmig, 17 cm lang und 12 cm Durchmesser, karminrot mit bläulichem Glanz, mehrere Tage öffnend. **Besonderheiten:** wüchsig und reichblühend, oft zeitig im Jahr. Ältere Exemplare stehen gerne sommerlang an sonnig-warmer Stelle in Hausnähe. Stammart vieler Kakteen-Hybriden. **Heimat:** Mexiko, teils auf Felsen oder epiphytisch auf Bäumen wachsend.

Pflegegruppe: B

Hylocereus undatus

Aussehen: stark verzweigte Pflanzen. Im Alter bis 7 m lange Triebe, dunkelgrün, kräftig mit Luftwurzeln, kletternd, kriechend oder hängend, bis 7 cm Durchmesser. Dreirippig, an den Rändern treppig gestuft, im Alter hornigen Kanten mit 2 bis 4 mm langen Dornen. **Blüte:** bis zu 30 cm lang, weiß, außen gelblich-grün, nächtlich. **Besonderheiten:** Frucht länglich, bis 12 cm dick, rot mit breiten Schuppen. **Heimat:** unbekannt, wird wegen der essbaren Früchte und als Zierpflanze in tropischen Ländern angebaut.

Pflegegruppe: C

Weitere Arten und Besonderes

Ebenso blühfreudig sind die Varietäten *Heliocereus speciosus* var. *amecamensis* mit hellgrünen Trieben und weißen Blüten sowie *H. speciosus* var. *superbus* mit purpurroten Blüten. 6 Arten, darunter *H. cinnabarinus* mit roten Blüten.

Etwa 20 Arten, darunter *Hylocereus purpusii* mit blau bereiften Trieben, Blüte: 25 cm lang, weiß bis goldgelb. Beliebt als Propfunterlage ist *H. triangularis*.

Besonderheiten: wuchsfreudige Kakteen für Gewächshaus und Wintergarten.

Leuchtenbergia principis

Aussehen: anfangs kugelig, einer Agave ähnlich, mit Rübenwurzel. Im Alter bis 50 cm hoch und vielköpfige Gruppen bildend. Warzen 10 bis 12 cm lang, blaugrün mit an der Spitze bastartigen, etwa 10 cm langen, strohgelben Mitteldornen. Randdornen 5 cm. **Blüte:** trichterförmig, gelb, bis zu 10 cm groß, duftend. **Besonderheiten:** der „Prismenkaktus" wächst sehr langsam. Die einzige Art der Gattung benötigt viel Sonne und Wärme bei leichter Schattierung im Hochsommer. **Heimat:** Mexiko.

Pflegegruppe: D

Lophophora williamsii

Aussehen: zuerst flachkugelig, später kugelig, im Alter zylindrisch und sprossend, weichfleischig mit Rübenwurzel. Anfangs einzeln, später sprossend und umfangreiche Polster bildend. 8 cm Durchmesser, graugrün. Scheitel eingesenkt, mit schmutzig-weißen Wollbüscheln. 5 bis 13 Rippen, flach, gerade oder spiralig gewunden, durch Querfurchen in fünf- bis sechsseitige Höcker aufgelöst. **Blüte:** aus dem Scheitel, hellrosa. **Besonderheiten:** Dornen nur im Sämlingsstadium vorhanden, kaum 1 mm lang. **Heimat:** Mexiko, USA.

Pflegegruppe: D

Tipp: ideale Pflegebedingungen für diesen Kaktus finden sich vor allem im Gewächshaus. Vermehrung durch Aussaat, die Samen sollten 24 Stunden in warmem Wasser vorquellen. Sämlinge möglichst propfen.

Lophophora williamsii ist die häufigste Art. Die Wärme liebenden Pflanzen sind auch als „Peyotl" bekannt.

Mammillaria lenta

Aussehen: einzeln oder von unten sprossend, eiförmig oder fast zylindrisch, dunkelgrün, ältere Exemplare zeigen einen rübenähnlichen Wurzelansatz. Warzen weichfleischig bis 7 cm lang. Areolen rund bis oval, anfangs schwach wollig. 9 bis 10 Randdornen, weiß bis blassgelb, dünn, biegsam. Bis 3 nadelige Mitteldornen, 2,5 cm lang, hellbraun mit dunkler Spitze. **Blüte:** trichterförmig, 6 cm Durchmesser, zitronengelb. **Besonderheiten:** mit seinen langen Warzen und den großen Blüten sammelnswerter Warzenkaktus, der auch unter dem Namen *Dolichothele longimamma* verbreitet ist. Die Vermehrung durch abgetrennte Warzen ist möglich. **Heimat:** Mexiko.
Pflegegruppe: G

Besonderes und weitere Arten

Mammillarien sind beliebte Anfängerkakteen. Anstelle von Rippen tragen sie Warzen, die spiralig angeordnet sind, daher auch der Name „Warzenkaktus". Teilweise besitzen sie Hakendornen. Typisch für viele Arten ist eine mehrfache Teilung des Scheitels (= dichotome Teilung).

Mammillaria longimamma

Aussehen: kugelig, im Alter länglich, zuerst einzeln, später von unten sprossend, sich auch dichotomisch teilend. Bis 10 cm hoch, 5 cm Durchmesser, hell- bis gelblichgrün, Scheitel abgeflacht, Warzen schlankkonisch, 8 bis 10 mm lang. Areolen rund, fast kahl. Axillen mit kurzer, bleibender Wolle und einzelnen Börstchen. 30 bis 40 Randdornen, bis 5 mm lang, borstenartig, gelb bis durchsichtig weiß, teilweise verflochten, **Blüte:** breit-trichterförmig, 2 cm lang und 2,5 cm breit, weiß mit rötlichem Mittelstreifen. **Besonderheiten:** Mitteldornen fehlend. **Heimat:** Mexiko, auf Felsen.

Pflegegruppe: D

Mammillaria guelzowiana

Aussehen: Körper gedrückt kugelig, einzeln oder am Grunde sprossend, bis 6 cm hoch, 8 cm Durchmesser, frischgrün, im unteren Teil verkorkend und mit Resten eingetrockneter Warzen bedeckt. Kugelige Warzen, 12 bis 13 mm lang, am Grunde 4 bis 5 mm breit. Areolen, anfangs mit gelblichweißem Wollfilz. 60 bis 80 Randdornen, bis 1,5 cm lang, haarartig und borstig, weiß. 1 Mitteldorn, 1 cm lang, an der Spitze hakig gekrümmt, gelblich- bis rotbraun. **Blüte:** 5 cm lang und 6 cm breit, purpurrot. **Besonderheiten:** kompakt wachsende Art mit großen Blüten. **Heimat:** Mexiko.

Pflegegruppe: D

Über 300 Arten, hier finden sich auch Kakteen, die unter anderem als *Dolichothele*, *Krainzia* und *Mammillopsis* geführt werden.

Tipp: Der Großteil der in der Gattung *Mammillaria* vereinten Kakteen ist pflegeleicht und eignen sich für alle Kulturbedingungen.

Melocactus ernestii

Aussehen: kugelig, im Alter länglich, bis über 20 cm hoch. Etwa 10 Rippen, meist 12 Areolen mit etwa 10 Dornen je Rippe. Cephalium bis 20 cm hoch, aus weißer Wolle und vielen dunkelroten Borsten. **Blüte:** röhrenförmig, violett, Früchte ebenfalls violett. Mützenförmige, schwarze, glänzende Samen. **Besonderheiten:** während der Wintermonate möglichst nicht unter 15 °C halten. Ideal sind wintersonnige Fensterplätze in bei Zimmertemperatur gehaltenen Räumen. Die Hauptwachstumszeit liegt im Herbst. **Heimat:** Brasilien

Pflegegruppe: D

Myrtillocactus geometrizans

Aussehen: baumförmig bis 4 m hoch, Triebe aufgebogen, 6 bis 10 cm dick, anfangs bläulich bereift. 5 bis 6 Rippen, etwas kantig. 5 bis 9 rotbraune, später graue Randdornen und 1 bis 7 cm langer Mitteldorn je Areole, fast dolchartig, schwärzlich. **Blüte:** 2,5 bis 3,5 cm Durchmesser, grünlichweiß, bis zu neun Blüten aus einer Areole. Frucht bläulichpurpurn. **Besonderheiten:** äußerst dekorativer Kaktus, vor allem im Gewächshaus und Wintergarten. In der Heimat der Pflanze werden ihre Früchte auf Indianermärkten verkauft. **Heimat:** Mexiko.

Pflegegruppe: D

Weitere Arten und Besonderes

Rund 40, teilweise kaum unterscheidbare Arten, darunter *Melocactus azureus* mit blauer Körperfarbe. Aus Brasilien kommt *M. concinnus*. Selten ist *M. schatzlii* mit weißem Cephalium.

Besonderheiten: typisch für alle Arten des „Melonenkaktus“ ist ein bis zu 1,5 m hohes Cephalium, aus dem die winzigen Blüten kommen.

vier Arten, unter anderen *Myrtillocactus cochal*, stark verzweigter Kandelaber, weiße Blüten und *M. eichlamii* aus Guatemala mit auffallend purpurner Knospe und weißer Blüte.

Tipp: Alle Arten sind als Jungpflanzen auch unter bescheidenen Platzverhältnissen gut pflegbar. Bewährte Pfropfunterlage.

Neolloydia connoidea
(syn. *Coryphantha connoidea*)

Aussehen: kugelig bis kurzzylindrisch, einzeln oder polsterförmig, 7 cm dick, bis 10 cm hoch, bläulichgrau oder gelblichgrün. Rippen in Warzen aufgeteilt. Bis 28 weiße bis graue Randdornen und bis 6 Mitteldornen, 1 bis 3 cm lang, schwarz. **Blüte:** im Sommer, magentafarben, rötlichviolett oder dunkelpurpurn, bis 6 cm groß. **Besonderheiten:** nur für Fortgeschrittene. Für Zimmerpflege pfropfen. Ältere Exemplare wachsen am besten in flachen Töpfen oder Schalen. **Heimat:** USA, Mexiko.

Pflegegruppe: D

Neoporteria subgibbosa

Aussehen: anfangs kugelig, später zylindrisch, im Alter niederliegend, bis 1 m lang, 10 cm Durchmesser, hellgrün, mit den Jahren mehr graugrün. Scheitel dicht bedornt. 16 bis 20 Rippen, durch Querfurchen in Höcker geteilt, kinnartig vorgezogen. Areolen im Neutrieb weißwollig, groß, oval. Etwa 24 Randdornen, dünn, strahlig, etwas gebogen, bis 3 cm lang, hell bernsteinfarben bis rötlichbraun. 4 Mitteldornen, stärker, abstehend, bis 4 cm lang, rotbraun gespitzt. **Blüte:** schlankröhrig bis trichterförmig, 4 bis 5 cm lang, 3 cm breit, karminrosa, innen fast weiß. **Heimat:** Chile.

Pflegegruppe: G

Etwa 14 Arten, beispielsweise *Neolloydia odorata*, kleinwüchsig, große Polster bildend mit 1 cm breiten, gelblichrosa Blüten, die nach Waldmeister duften. Variabel in der Blütenfarbe ist *N. schmiedickeana*, 3 cm große Blüten aus wollig behaarten Axillen.

Etwa 30 Arten, empfehlenswert sind *Neoporteria chilensis*, weiß oder rosa blühend. Variabel sind *N. napina* und *N. nidus*.
Besonderheiten: der Großteil der Arten ist äußerst blühwillig und lässt bei entsprechender Auswahl Blüten vom Frühjahr bis zum Frühherbst erwarten.

Opuntia azurea

Aussehen: niedrig, verzweigt, kaum über 1 m hoch. Triebe bis 15 cm groß, kreisrund bis länglich, blaugrün. Dornen 2 bis 3 cm lang, meist nur in der unteren Triebhälfte, dunkelbraunrot, im Alter fast schwarz. Braune Glochiden. **Blüte:** tiefgelb mit roter Mitte, 10 cm Durchmesser. **Besonderheiten:** zur Gattung *Opuntia* zählen nach neuesten Erkenntnissen unter anderem folgende Gattungen: *Austrocylindropuntia*, *Brasiliopuntia*, *Corynopuntia*, *Consolea*, *Cylindropuntia* und *Tephrocactus*. **Heimat:** Mexiko.

Pflegegruppe vorwiegend E

Oreocereus currundayensis
(syn. *Matucana currundayensis*)

Aussehen: kugelig, später etwas verlängert, meist 12 Rippen, in rundliche Höcker mit Querfurchen zerteilt. Areolen groß, reich befilzt. 16 bis 18 Randdornen, bis 2 cm lang. Gelbbraune Mitteldornen bis 3,5 lang, kräftiger. **Blüte:** lachsrosa bis hellorange, schiefsaumig, leicht behaart. Samen schwarz. **Besonderheiten:** robuster Hochlandkaktus, der wie alle jetzt zur Gattung *Oreocereus* zählenden Gattungen *Arequipa*, *Borzicactus*, *Matucana* und andere im Sommer viel frische Luft und Sonne benötigt. **Heimat:** Peru.

Pflegegruppe: E

Besonderes und weitere Arten

Über 400 Arten, einige davon ertragen etliche Minusgrade und können ganzjährig im Garten bleiben (Pflegegruppe A).
Besonderheiten: Die „Feigenkakteen“ sind eine beliebte Kakteengattung mit einer Fülle interessanter Pflanzen für jeden Pflegeplatz. Manche Arten dienen als Pfropfunterlagen.

Etwa 20 Arten, darunter *Oreocereus celsianus*, einen wirren Haarschopf im Scheitel zeigend; mehrtriebig wachsen *O. fossulatus* und *O. hendriksenianus* mit jeweils strähniger Behaarung. Schneeweiß umsponnen ist *O. trollii* aus Argentinien.

Pachycereus pringlei

Aussehen: dick, bis 60 cm Durchmesser, im Alter baumförmig, nicht selten 11 m hoch, blau- bis graugrün, später holzig, kahl, Triebe schräg aufsteigend. Etwa 13 Rippen. Areolen, vor allem die blühfähigen, groß, eng, anfangs durch ein Filzband verbunden. Etwa 20 Dornen an jüngeren Exemplaren, kräftig, meist bis 2 cm, zuweilen 12 cm lang, bei Austrieb aus dem Scheitel oft rötlich, dann weiß mit schwarzen Spitzen, in der Blühzone abfallend. **Blüte:** glockig-trichterförmig, weit vom Scheitel herab entstehend, bis 8 cm lang, nächtlich. Frucht kugelig-länglich. **Besonderheiten:** Charakterpflanze Mexikos. Wärmeliebend. Samen keimen leicht. **Heimat:** Mexiko.

Pflegegruppe: D

Etwa 10, teilweise in der Pflege schwierige Arten, darunter *Pachycereus chrysomallus* hat weiße, schwarz gespitzte Dornen. Empfehlenswert ist *P. marginatus* mit perlenkettenartig zusammenfließenden, filzigen Areolen und im Sommer 3 bis 5 cm großen, grünlichweißen oder rosa Blüten. Bläulichgrüne Triebe hat *P. pecten-aboriginum*. Ältere Exemplare von *P. schottii* entwickeln ein gleichzeitig bedorntes und behaartes Pseudocephalium. Interessant ist *P. weberi* mit weißwolligen Areolen und bis 10 cm langen, weißen Blüten.

Parodia magnifica

(syn. *Notocactus magnificus*)

Aussehen: kugelig, später keulenförmig, oft sprossend, bläulichgrün mit hellblauem Reif, bis 20 cm Durchmesser. Scheitel mit weißem Wollfilz, dem Licht zugewandt. 11 bis 15 Rippen, gerade, 1,5 bis 2,5 cm hoch, etwa dreieckig, im Jugendstadium gehökert. Areolen mit weißer Wolle. 12 bis 15 nadelförmige, weiche Dornen, 8 bis 20 mm lang, gleichmäßig verteilt, goldgelb, dazwischen zahlreiche weiße, feine etwa 8 mm lange, fast aufrechte Haare. **Blüte:** trichterförmig, 4 bis 5 cm lang und breit, schwefelgelb. Frucht kugelförmig, 1 cm, an der Basis rundum aufreißend. **Besonderheiten:** im Aussehen eine der schönsten wie auch im Alter großwüchsigsten Parodien. Das stark entwickelte Wurzelsystem bedarf der Kultur in geräumigem Pflanzgefäßen. **Heimat:** Brasilien, an steilen Felswänden.

Pflegegruppe: F

Parodia microsperma
(syn. *P. sanguiniflora*)

Aussehen: kugelig bis zylindrisch, mittelgrün, bis über 5 cm. 15 bis 21 warzige Rippen. Areolen anfangs weißwollig mit weißen 15 bis 21 Randdornen. 4 Mitteldornen, kreuzförmig angeordnet, der unterste bis 2 cm lang, hakig. **Blüte:** bis 4 cm breit, glänzend blutrot. **Besonderheiten:** zahlreiche Neufunde der letzten Jahrzehnte bereichern das Sortiment. Alle Arten der früheren Gattungen *Brasilicactus*, *Eriocactus*, *Malacocarpus* und *Notocactus* werden mittlerweile zur Gattung *Parodia* gezählt. **Heimat:** Argentinien.

Pflegegruppe: F

Pelecyphora asseliformis

Aussehen: kugelig-keulenförmig, Wurzel rübenartig verdickt, zuerst einzeln, dann rasenförmig, 10 cm hoch, bis 6 cm breit, graugrün. Scheitel eingesenkt, weißwollig. Spiralig stehende Warzen, elliptisch-beilförmig, seitlich zusammengedrückt, 3 bis 5 mm hoch. Areolen länglich, Axillen später wollig. Sehr kleine, am Fuße verwachsene Dornen, kammartig nach zwei Seiten stehend, grau. Mitteldornen fehlend. **Blüte:** glockig-trichterförmig aus dem Scheitel, etwa 3 cm lang und breit, leuchtend karminrosa, am Rande blasser. Samen schwarz. **Besonderheiten:** diente früher den Indios als Heilmittel. **Heimat:** Mexiko.

Pflegegruppe: D

Weitere Arten und Besonderes

Über 150 Arten, empfehlenswert sind *Parodia concinna*, Blüten gelb. Blassgrün im Spätwinter blüht *P. graessneri*. Weit verbreitet ist *P. leninghausii*, säulenförmig wachsend und mit gelben Blüten. Unempfindlich ist *P. mairanana*, bereits jung sprossend, Blüten orange. *P. uebelmanniana* mit weinroter Blüte.

Nur eine Art. Der „Assel- oder Beilkaktus" ist wohl ein Schmuckstück jeder Sammlung, jedoch nicht einfach in der Pflege und deshalb nur dem fortgeschrittenen Unterglaspfleger zu empfehlen. Pfropfen ist lohnend. Wächst sehr langsam.

Pilosocereus palmeri

(syn. *Cephalocereus palmeri*)

Aussehen: säulenförmig, später baumartig, dunkelgrün, anfangs bläulich bereift, bis 6 m hoch, im Alter 8 bis 10 cm Durchmesser. Scheitel dichtwollig. 7 bis 9 Rippen. Areolen weißfilzig mit 4 bis 5 cm langen Haaren, bei Blühfähigkeit etwa ab 1 m Höhe bildet sich eine Blühzone (Pseudocephalium) in Scheitelnähe. 8 bis 12 dünne Randdornen, 2 bis 3 cm lang, gelblich. 1 Mitteldorn, 3 cm lang, bräunlich, dunkler gespitzt. **Blüte:** nächtlich 4 cm groß, glockig, meist rosa oder purpurn. Frucht kugelig, ca. 6 cm Durchmesser. **Besonderheiten:** dekorativer Säulenkaktus, der im Winter bei mindestens 15 °C stehen sollte. **Heimat:** Mexiko.

Pflegegruppe: G

Rebutia marsoneri

Aussehen: zwergig, breitrund, kaum 4 cm hoch, 5 bis 10 cm Durchmesser, hellgrün, wenig sprossend. Rippen in Warzen aufgelöst. Dornen variabel, zahlreich, dünn, weißlich bis fuchsbraun. **Blüte:** bis 4,5 cm groß, seitlich im Kranz, hellgelb, zeitig im Jahr blühend. **Besonderheiten:** anspruchsloser, willig blühender Zwergkaktus für bescheidene Pflegeplätze. Kühl überwintern! Dies gilt auch für alle Arten der in der Gattung *Rebutia* aufgegangen Arten von *Aylostera*, *Digitorebutia*, *Cylindrorebutia*, *Mediolobivia*, *Sulcorebutia* und *Weingartia*. **Heimat:** Argentinien.

Pflegegruppe: G

Weitere Arten

Etwa 60 Arten, darunter *Pilosocereus chrysacanthus*, mehrtriebig wachsend. Aus Brasilien kommt *P. fulvilanatus* mit weißen Blüten. Purpurrot blüht *P. maxonii*. Violettgrüne bis fast schwarze Triebe hat *P. nobilis*.

Rund 100 Arten, beispielsweise *Rebutia aureiflora*, *R. fiebrigii* und *R. heliosa*, alle mit orangefarbenen Blüten. Schneeweiß bedornt ist *R. krainziana*. *R. minuscula* mit roter Blüte zählt zu den bewährten Anfängerpflanzen. Sammelnswert sind auch *R. steinbachii*, scharlachrot blühend, und *R. violaciflora* mit violettrosa Blüten.

Rhipsalis campos-partoana

Aussehen: strauchförmig, bis 2 m lang, epiphytisch wachsend. Triebe zylindrisch, gegliedert, glatt. Areolen klein, kahl, mit dreieckiger Schuppe. **Blüte:** nahe dem Triebende, weiß, kaum geöffnet. Frucht kugelig, hellrot, 5 mm dick. **Besonderheiten:** viele Arten der Gattung *Rhipsalis* sind typische Winterblüher. Man kultiviert sie bei Zimmertemperatur zusammen mit anderen epiphytisch wachsenden Kakteen. Ideale Pflanzen für Blumenampeln. Empfehlenswert für Hydrokultur. Vermehrung durch Stecklinge. **Heimat:** Brasilien.

Pflegegruppe: C

Etwa 50 Arten, darunter *Rhipsalis capilliformis* mit grünweißen Blüten. Im Frühsommer blüht *R. crispata*. *R. heteroclada* erfreut mit kleinen Blüten in weiß. Blattartige Triebe hat *R. houlettiana*, gelblichweiß blühend. Nach Orangen duften die hellgelben Blüten von *R. lumbricoides*. Purpurrot gefärbt ist *R. pachyptera*.

Schlumbergera-Hybriden

Aussehen: epiphytisch, buschig-kleinstrauchig, bis 30 cm lang, mit gegliederten Flachtrieben. Areolen schwach filzig. **Blüte:** je nach Abstammung radiär oder zygomorph in allen Kakteenblütenfarben, zum Beispiel blassrosa *S.* 'Wintermärchen' oder dann gelb *S.* 'Gold Charm'. Verbreitet ist *S.* x *buckleyi*, eine Kreuzung zwischen *S. russeliana* und *S. truncata*. **Besonderheiten:** der „Weihnachtskaktus" zählt zu den bekanntesten Kakteen. Verlässlicher Winterblüher, sofern er zwischen September und Oktober nahezu trocken steht. Für Hydrokultur geeignet. Vermehrung durch Stecklinge. **Heimat:** Brasilien.

Pflegegruppe: C

Etwa fünf Arten, die alle in Brasilien beheimatet sind wie *S. orssichiana*, ein interessanter Gliederkaktus mit 9 cm großen Blüten in weiß und karminrot. Rosa Blüten zeigt *S. russeliana*. Am bekanntesten ist der „Weihnachtskaktus", *S. truncata* (syn. *Zygocactus truncatus*), mit karminrosa Blüten. Zahlreiche Hybriden.

Sclerocactus uncinatus var. *wrightii*

(syn. *Glandulicactus uncinatus* var. *wrightii*)

Aussehen: kugelig bis kurzzylindrisch, einzeln, etwa 20 cm hoch, ca. 10 cm Durchmesser, blaugrün. Wurzel spindelförmig. Meist 13 Rippen, durch Querbuchten gehöckert. Areolen groß, gelbfilzig, später vergrauend. 7 bis 8 Randdornen, etwas abgeflacht, strohfarben, untere spreizend, rund und hakig, purpurn, bis 5 cm lang. 1 Mitteldorn, aufrecht, hakig, unten gelb, oben rot, bis 15 cm lang. **Blüte:** kurz, trichterförmig, 5 cm lang und breit, rötlichbraun, nur bei voller Sonne und hohen Temperaturen voll öffnend. **Besonderheiten:** interessante, aber nicht ganz einfach zu pflegende Kakteen aus Wüstengebieten der USA. **Heimat:** USA.

Pflegegruppe: D

Stenocactus crispatus

(syn. *Echinofossulocactus lamellosus*)

Aussehen: kugelig, einzeln, auch sprossend, blaugrün. Bis 60 Rippen. Areolen weißwollig. 6 bis 10 Randdornen, weiß mit braunen Spitzen. 1 Mitteldorn, stielrund, steif, gerade. **Blüte:** 3,5 cm lang und breit, meist weiß mit purpurnem Mittelstreif, jedoch auch purpurn. **Besonderheiten:** Die „Lamellenkakteen" sind einfach in der Pflege. An wintersonnigen Plätzen sind bereits ab Februar Blüten zu erwarten. Problemlose Anzucht aus Samen, Sämlinge sehen zunächst wie kleine Mammillarien aus. **Heimat:** Mexiko.

Pflegegruppe: D

Weitere Arten

Etwa 20 Arten, beispielsweise *Sclerocactus parviflorus*, *S. whipplei* und *S. wrightiae* mit jeweils purpurrosa Blüten. Man findet diese Arten unter anderem auch unter den Gattungsnamen *Ancistrocactus*, *Ferocactus*, *Glandulicactus* oder *Thelocactus*.

Etwa 10 Arten, empfehlenswert sind *Stenocactus coptonogonus*, langsam wachsend und weißlichen, karminrot gestreifen Blüten. 100 und mehr Rippen hat *S. multicostatus*. Eine Vielzahl von vorhandenen Hybriden erschwert die genaue Zuordnung.

Selenicereus grandiflorus

Aussehen: kletternd, stark verzweigend. Triebe oft mehrere Meter lang, 2,5 cm Durchmesser, satt- bis blaugrün. 5 bis 8 Rippen. Areolen weißfilzig. 7 bis 11 Dornen, nadelig, 4 bis 10 mm lang, gelblich, später grau. Haare zu Anfang an jungen Trieben, später abfallend. **Blüte:** bis 25 cm groß, weiß, außen bräunlich-orangegelb, immer nur eine Nacht öffnend, duftend.

Besonderheiten: sommerliche Wärme und nahrhafte Erde entlocken der „Königin der Nacht" und den weiteren Vertretern der Gattung ihre märchenhaften Blüten. **Heimat:** Haiti, Jamaika, Kuba und Mexiko.

Pflegegruppe: B

Etwa 20 Arten, darunter *Selenicereus anthonyanus* (syn. *Cryptocereus anthonyanus*), Blüte gelblich-cremeweiß, außen purpurfarben. Die „Prinzessin der Nacht", *S. pteranthus*, ist duftlos. Bis 40 cm große Blüten bringt *S. hamatus* mit glänzend hellgrünen Trieben. *S. wercklei* hat eine 15 cm lange, weiße Blüte. Zahlreiche Hybriden erschweren die Zuordnung.

Stenocereus thurberi

(syn. *Lemaireocereus thurberi*)

Aussehen: säulenförmig, bis 7 m hoch, verzweigt. Triebe bis 20 cm Durchmesser, graugrün. 12 bis 17 Rippen, Areolen braun, Dornen anfangs bräunlich bis schwärzlich, später vergrauend. 9 bis 10 Randdornen, etwa 1 cm lang, 1 bis 3 Mitteldornen, der unterste bis 5 cm lang. **Blüte:** nachts, etwa 8 cm lang, breit trichterförmig, weißlich-rosa bis purpurn. Frucht kugelig, etwa 7 cm groß. Samen schwarz, glänzend. **Besonderheiten:** der „Orgelpfeifenkaktus" zählt zu den schönsten Säulenkakteen. **Heimat:** Mexiko, USA.

Pflegegruppe: D

Thelocactus bicolor var. *tricolor*

Aussehen: kugeliger, bald zylindrischer Körper, einzeln, bis 20 cm hoch, 8 cm Durchmesser, bläulichgrün, Scheitel eingesenkt, weißfilzig. 8 bis 13 Rippen, durch Querfurchen in Höcker geteilt. Areolen mit weißem Wollfilz, später verkahlend. Bis 20 Randdornen, etwa 3 cm lang, sternförmig angeordnet, am Grunde weiß, in der Mitte rötlich, bernsteingelb gespitzt. Meist 4 Mitteldornen, bis 5 cm lang, rötlich am Grunde weißlich. **Blüte:** trichterförmig, 6 cm lang und breit, tief purpurrosa mit weißem Schlund. Blütenblätter gewimpert. **Heimat:** Mexiko.

Pflegegruppe: D

Weitere Arten und Besonderes

Etwa 25 Arten, darunter *Stenocereus beneckei*, nur 1,5 m hoch, seine Rippen sind in Höcker aufgelöst und *S. eruca* (syn. *Machaerocereus eruca*), der wegen seines dolchartigen Mitteldorns „Kriechender Teufel" genannt wird. Dekorativ ist *S. marginatus* (syn. *Marginatocereus marginatus*), bis 30 cm Durchmesser.

Neben der vorgenannten Varietät zählen weitere Varietäten wie die var. *bolansis*, var. *pottsii*, var. *schwarzii*, var. *texensis* und var. *wagnerianus* zu den schönsten Pflanzen der Gattung.

Besonderheiten: alle Thelokakteen sind bei ausreichend sommerlicher Wärme dankbare Blüher von Juni bis zum Herbst.

Thelocactus hexaedrophorus

Aussehen: Körper kugelig einzeln, bis 15 cm hoch und Durchmesser, blau- bis graugrün. Scheitel dichtwollig. Etwa 13 Rippen, in große sechseckige Höcker aufgelöst. Areolen weißwollig. 6 bis 9 Dornen, 19 bis 22 mm lang, abstehend, gelblichweiß mit dunkler Spitze. Im Alter 1 Mitteldorn, 2 bis 3 cm lang, aufrecht, kräftig, graurosa bis braunrot, alle geringelt. **Blüte:** glockig trichterförmig, bis 6 cm lang und 8 cm breit, weiß, außen mit rosa gefärbten Mittelstreifen. **Heimat:** Mexiko.

Pflegegruppe: D

Uebelmannia pectinifera

Aussehen: Einzeln, kugelig bis zylindrisch, rötlichbraun wie auch rötlichgrün gefärbt. Im Alter 50 cm hoch und 10 cm Durchmesser. 15 bis 20 auffällig gerandete, glatte Rippen mit winzigen, weißen Schuppen. Areolen mit 3 bis 6 kammartigen, grauen bis fast schwarzen Dornen. **Blüte:** trichterförmig, 1 cm breit, gelb. **Besonderheiten:** durch ihre eigenwillige Körperfarbe auffallende Art, die allerdings in Kultur nicht einfach ist. Sie wird meist gepfropft angeboten. **Heimat:** Brasilien.

Pflegegruppe: D

Etwa 20 Arten, beispielweise *Thelocactus conothelos* var. *aurantiacus* mit einer bei dieser Gattung seltenen, gelben Blüte. *T. ehrenbergii* und *T. leucacanthus* gehören zu den wenigen sprossenden Arten. *T. nidulans* blüht weiß. Eine variable Art ist *T. tulensis* mit weißen, hell- wie auch purpurrosa Blüten.

Bis fünf Arten, darunter *Uebelmannia buiningii* und die ähnliche *U. gummifera*, beide mit gelben Blüten. Interessant ist *U. meninensis* mit bis 40, in Höckern aufgelösten Rippen.

Tipp: öfteres Nebeln oder Überbrausen im Sommer bringt diesen Kakteen die von ihrer Heimat her gewohnte Luftfeuchtigkeit.

Glossar

Areolen Dornen- oder borstentragende Haarkissen an zahlreichen Kakteen. Gleichzeitig sind es Endpunkte der im Kakteenkörper verlaufenden Seitensprosse.

Art Wichtigste systematische Einheit. Zu einer Art gehören die Pflanzen, die in allen wesentlichen Merkmalen übereinstimmen, zum Beispiel in Form und Wuchs der unterirdischen Organe, des Körpers, der Blätter, Blüten, Frucht und Samen. Unwesentlich sind die Größenverhältnisse, Farbe, Bedornung und Behaarung. Jede Art stellt ein Typengemisch dar und ist samenbeständig. Scharfe Grenzen zwischen wesentlichen und unwesentlichen Merkmalen lassen sich nicht immer ziehen.

Axillen Oft mit Haarfilz ausgefüllte Vertiefungen zwischen den Warzen zum Beispiel der Mammillarien. Streng botanisch sind es Seitensprossabzweigungspunkte, aus denen gewöhnlich die Blüten entstehen.

Cephalium Besonders starke Haar- oder Borstenbildung, oft schopfartig, in der Blühzone bestimmter Kakteenarten.

Epiphyten Aufsitzende Pflanzen, die meist auf Bäumen wurzeln, ohne zu schmarotzen.

Form Durch eine geringe erbliche Abweichung ausgezeichnet, die mehr oder weniger zufällig im Gebiet einer Art verbreitet ist. Die Unterscheidung gegen eine Varietät wird oft nicht deutlich. Abkürzung: f.

Gattung Umfasst eine oder mehrere verwandte Arten, die von nahestehenden Artgruppen deutlich getrennt sind. Gattungsnamen bestehen aus einem groß geschriebenen Wort, zum Beispiel *Parodia*.

Glochiden Mit Widerhaken versehene, meist kleine, leicht lösende oder abbrechende Dornen, typisch für Kakteen der Gattung *Opuntia*.

Hybride Mischling, Bastard. Nachwuchs aus Kreuzungen zwischen Individuen verschiedener Sippen.

Mamille Das zu einer warzenartigen Erhebung auswachsende Blattpolster mit der dornentragenden Areole an der Spitze.

Mitteldornen Die zentral an der Areole stehenden Dornen, wenn sie sich deutlich von den Randdornen unterscheiden.

pH-Wert Konzentration der Wasserstoffionen im Boden. Böden mit einem pH-Wert von 3,5 bis 4,0 sind sehr stark sauer, von 4,01 bis 4,5 stark sauer, von 4,51 bis 5,3 sauer, von 5,31 bis 6,3 schwach sauer, von 6,31 bis 7,3 neutral, von 7,31 bis 8,0 schwach alkalisch und von 8,01 bis 8,5 alkalisch.

radiäre Blüten Blüten mit drei bis mehr Symmetrieebenen. Obere und untere Hälfte sind spiegelbildlich im Gegensatz zu zygomorphen Blüten.

Randdornen Die randlich an den Areolen stehenden Dornen, wenn sie in Form und Farbe deutlich von den zentral stehenden Mitteldornen abweichen.

Varietät Systematische Rangstufe unterhalb der Artbezeichnung. Sie zeichnet sich durch geringe erbliche Abweichungen in ein bis mehreren Merkmalen aus, die in einem bestimmten Gebiet gehäuft auftreten. Abkürzung: var.

zygomorphe Blüten Blüten mit nur einer Symmetrieebene, das heißt spiegelbildlicher rechter und linker Hälfte, aber mit verschiedener oberer und unterer Hälfte, zum Beispiel bei *Schlumbergera*.

Adressen

Bezugsquellen

Geeignete Pflanzen sowie Töpfe, Erden und dekoratives Zubehör bekommen Sie im örtlichen Fachhandel (Gärtnereien, Gartencenter, Blumenläden, Baumärkten und anderen).
Sie finden diese Adressen in Ihrem Branchenfernsprechbuch.
In einschlägigen Gartenzeitschriften können Sie sich über das Angebot von Pflanzenversendern und speziellen Anbietern informieren.

Kakteenvereine und -gesellschaften

Die „stacheligen Gesellen" haben – wie könnte es auch anders sein – weltweit ihre Liebhaber. In der Deutschen Kakteengesellschaft e.V. sind etwa 6.500 Kakteenfreunde zusammengeschlossen. Die gemeinsam mit der Gesellschaft Österreichischer Kakteenfreunde und der Schweizerischen Kakteen-Gesellschaft herausgegebene Zeitschrift „Kakteen und andere Sukkulenten" ist das internationale Bindeglied zwischen Wissenschaftlern und Laien, Fortgeschrittenen und Anfängern. Wer einer dieser Vereinigungen beitreten möchte, wende sich an die zuständigen Geschäftsstellen:

Deutsche Kakteen-Gesellschaft e.V.
Geschäftsstelle
Oos Str. 18
D-75179 Pforzheim
Email: geschaeftsstelle@deutschekakteengesellschaft.de
Internet: www.deutschekakteengesellschaft.de

Gesellschaft Österreichischer Kakteenfreunde
Schriftführer
Thomas Hüttner
Buchenweg 9
A-4810 Gmunden
Email: offce@cactus.at
Internet: www.cactus.at

Schweizerische Kakteen-Gesellschaft
Silvan Freudiger
Hofstrasse 18
CH-4517 Ichertswil
Email: skg@kakteen.org
Internet: www.kakteen.org

Die vorgenannte monatlich erscheinende Zeitschrift ist für Mitglieder kostenlos. Sie informiert rund um das Thema Kakteen und andere Sukkulenten. Darüber hinaus besteht die Möglichkeit, einer der zahlreichen Orts- beziehungsweise Landesgruppen beizutreten, die annähernd flächendeckend den Kontakt der Kakteenliebhaber untereinander herstellen und pflegen. Als Treffpunkte über Ländergrenzen hinweg gelten Kongresse, Tagungen und öffentliche wie auch private Sammlungen. Tausch- und Vortragsveranstaltungen runden das Angebot ab.

Register

Halbfette Seitenzahlen verweisen auf Abbildungen

Mit 119 Farbfotos von
Gartenschatz, Stuttgart: 22, 32, 43
Kuno Krieger, Herdecke: 20, 23 beide, 34
Reinhard Tierfoto, Hans Reinhard, Heiligkreuzsteinach-Eiterbach: 14, 16
Manfred Ruckszio, Taunusstein: 15 o
Alle übrigen: Ewald Kleiner, Radolfzell

Mit 10 Illustrationen von
Milos Vánà/Kosmos (koloriert von Folko Kullmann), Stuttgart, Seite 10 und Horst Lünser/Kosmos, Stuttgart, Seite 50 u, 51 beide, 53 alle 3.

Alle Angaben in diesem Buch sind sorgfältig geprüft und geben den neuesten Wissensstand bei der Veröffentlichung wieder. Da sich das Wissen aber laufend in rascher Folge weiterentwickelt und vergrößert, muss jeder Anwender prüfen, ob die Angaben nicht durch neuere Erkenntnisse überholt sind. Dazu muss er zum Beispiel Beipackzettel zu Dünge-, Pflanzenschutz- bzw. Pflanzenpflegemitteln lesen und genau befolgen sowie Gebrauchsanweisungen und Gesetze beachten.
Die Blütenfarben sind sortenabhängig, daher können auch Farben auf dem Markt sein, die im Buch nicht genannt werden. Die Blütezeiten sind ebenfalls sortenabhängig, aber auch klima- und standortabhängig. Die angegebenen Wuchshöhen und -breiten der Pflanzen sind Mittelwerte. Sie können je nach Nährstoffbehalt des Bodens variieren. Verschiedene Sorten können deutlich größer oder auch kleiner wachsen als die Art.

Umschlaggestaltung von Atelier Reichert, Stuttgart, unter Verwendung von zwei Fotos von Ewald Kleiner, Radolfzell.

Bibliografische Informationen der Deutschen Bibliothek
Die Deutsche Bibliothek verzeichnet diese Publikation in der Deutschen Nationalbibliografie; detaillierte bibliografische Daten sind im Internet über http://dnb.ddb.de abrufbar.

Gedruckt auf chlorfrei gebleichtem Papier

1. Auflage

ISBN 3-440-08056-0
Redaktion und Bildredaktion: Dr. Folko Kullmann
Produktion: DOPPELPUNKT Auch & Grätzbach GbR, Leonberg
Grundlayout: Dietmar Grashoff, Offenburg
Gestaltung: Dr. Folko Kullmann, Stuttgart
Printed in Slovakia/Imprimé en Slovaquie